安博士新农村安全知识普及丛书

实用农产品加工运输安全知识

熊明民　主编
胡熳华　主审

中国劳动社会保障出版社

图书在版编目（CIP）数据

实用农产品加工运输安全知识/熊明民主编. —北京：中国劳动社会保障出版社，2017
（安博士新农村安全知识普及丛书）
ISBN 978-7-5167-3031-7

Ⅰ. ①实… Ⅱ. ①熊… Ⅲ. ①农产品加工 - 食品安全 - 普及读物②农产品 - 交通运输安全 - 普及读物 Ⅳ. ① S37-49 ② TS201.6-49 ③ F762-49

中国版本图书馆 CIP 数据核字（2017）第 141132 号

中国劳动社会保障出版社出版发行
（北京市惠新东街 1 号 邮政编码：100029）

*

三河市潮河印业有限公司印刷装订 新华书店经销
880 毫米 × 1230 毫米 32 开本 7.625 印张 184 千字
2017 年 7 月第 1 版 2019 年 9 月第 2 次印刷

定价：28.00 元

读者服务部电话：（010）64929211/84209101/64921644
营销中心电话：（010）64962347
出版社网址：http://www.class.com.cn

安博士新农村安全知识普及丛书编委会

本书编写人员

主　　编　熊明民
副 主 编　张春江
编写人员　王振宇　尤　娟　李　健　徐婧婷
主　　审　胡熳华

前　言

经过多年不懈努力，我国农业农村发展不断迈上新台阶，已进入新的历史阶段。新形势下，农业主要矛盾已经由总量不足转变为结构性矛盾，主要表现为阶段性的供过于求和供给不足并存。推进农业供给侧结构性改革，提高农业综合效益和竞争力，是当前和今后一个时期我国农业政策改革和完善的主要方向。顺应新形势新要求，2017年中央一号文件把推进农业供给侧结构性改革作为主题，坚持问题导向，调整工作重心，从各方面谋划深入推进农业供给侧结构性改革，为“三农”发展注入新动力，进一步明确了当前和今后一个时期“三农”工作的主线。

深入推进农业供给侧结构性改革，就是要从供给侧入手，在体制机制创新上发力，以提高农民素质、增加农民收入为目的，贯彻“科学技术是第一生产力”的意识，宣传普及科学思想、科学精神、科学方法和安全生产知识，围绕农业增效、农民增收、农村增绿，加强科技创新引领，加快结构调整步伐，加大农村改革力度，提高农业综合效益和竞争力，从根本上促进农业供给侧从量到质的转型升级，推动社会主义新农村建设，力争农村全面小康建设迈出更大步伐。

加快开发农村人力资源，加强农村人才队伍建设，把农业发展方式转到依靠科技进步和提高劳动者素质上来是根本，培养一批能够促进农村经济发展、引领农民思想变革、带领群众建设美好家园的农业科技人员是保证，培育一批有文化、懂技术、会经营的新型农民是关键。为更好地在农村普及科技文化知识，树立先进思想理念，倡导绿色、健康、安全生产生活方式，中国农村技术开发中心组织相关领域的专家，从农业生产安全、农产品加工与运输安全、农村生活安全等热点话题入手，编写了本套“安博士新农村安全知识普及丛书”。

本套丛书采用讲座、讨论等形式，通俗易懂、图文并茂、深入浅出地介绍了大量普及性、实用性的农村生产生活安全知识和技能，包括《实用农业生产安全知识》《实用农机具作业安全知识》《实用农药安全知识》《实用兽药安全知识》《实用农产品加工运输安全知识》《实用农村生活安全知识》《实用农村气象灾害防御安全知识》。希望本套丛书能够为广大农民朋友、农业科技人员、农村经纪人和农村基层干部提供一个良好的学习材料，增加科技知识，强化科技意识，为安全生产、健康生活起到技术指导和咨询作用。

本套丛书在编写过程中得到了中国农业科学院科技管理局、植物保护研究所农业部重点实验室、兰州畜牧与兽药研究所，农业部南京农业机械化研究所主要作物生产装备技术研究中心，中国农业大学资源与环境学院，南京农业大学食品科技学院和中国气象局培训中心等单位众多专家的大力支持。参与编写的专家倾注了大量心血，付出了辛勤的劳动，将多年丰富的实践经验奉献给读者。主审专家投入了大量时间和精力，提出了许多建设性的意见和建议，特此表示衷心感谢。

由于编者水平有限，时间仓促，书中错误或不妥之处在所难免，衷心希望广大读者批评指正。

编委会

二〇一七年二月

内容简介

民以食为天，食以安为先。农产品加工与运输安全是确保农产品质量、保障农民增收、促进农业可持续发展的重要环节。近年来，我国农产品质量安全水平有了较大幅度提升，但由于现阶段我国正处在传统农业向现代农业转变的时期，农产品质量安全隐患和制约因素还比较多，其中由农产品加工和运输过程中的不安全因素带来的农产品质量安全问题也频繁发生。

当前我国农业生产经营分散、生产方式落后，有2亿多农户、76万家农产品和投入品生产经营企业，一些生产者文化水平不高，质量安全意识淡薄。农产品生产环节多、链条长，任何一个环节出问题都会对质量安全产生影响。针对这些问题，本书从农产品生产环节入手，从收获、运输、流通到农产品储藏和粗加工等环节，重点介绍了农产品生产加工、储藏、运输及销售的质量安全控制技术。本书内容包括农产品的概念、农产品的品质特征、农产品的初加工、农产品储藏方法，以及农产品在运输和销售过程中的质量控制等，涉及粮食、油料、蔬菜、果品、畜禽产品、水产品六大类食用农产品。同时，本书还重点介绍了无公害农产品、绿色食品、有机食品、农产品地理标志的概念，以及质量安全认证的程序等信息。

本书在内容选材上以简单实用为要领，旨在引导农民树立农产品质量安全意识，进一步增强农产品生产经营者特别是广大农民依法生产经营的自觉性。本书适合广大农民、各级农业科技人员、农业技术推广人员、农村经纪人和农村基层干部阅读，也可作为农业院校学生的参考用书。

目录

第一讲 农产品质量安全基础知识

话题1 农产品的基本概念

什么是农产品

农产品是指来源于农业的初级产品，即在农业活动中获得的植物、动物、菌藻等初级产品及初级加工品（图 1—1），包括食用和非食用两大类。人们常说的农产品多指食用农产品，即由种植、养殖而形成的，未经加工或经初级加工的可供人类食用的农产品。本书所讲农产品特指食用农产品。由农产品的定义可以看出，农产品强调的是种植和养殖环节。食用农产品的具体分类见表 1—1。

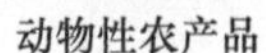

动物性农产品　　植物性农产品　　菌藻类农产品

图 1—1　食用农产品的种类

表 1—1　　食用农产品的分类

农产品来源	农产品种类
植物性	谷类、豆类、薯类、水果、蔬菜
动物性	水产品、畜禽肉、蛋类、乳品
菌藻类	菌类、藻类

什么是食品

《中华人民共和国食品安全法》（以下简称《食品安全法》）第一百五十条对“食品”的定义如下：食品，指各种供人食用或者饮用的成品和原料以及按照传统既是食品又是中药材的物品，但是不包括以治疗为目的的物品。从这个概念出发，食用农产品也是一类食品。《食品工业基本术语》对食品的定义：可供人类食用或饮用的物质，包括加工食品、半成品和未加工食品，不包括烟草或只作药品用的物质。从食品卫生立法和管理的角度，广义的食品概念还涉及：所生产食品的原料，食品原料种植、养殖过程接触的物质和环境，食品的添加物质，所有直接或间接接触食品的包装材料、设施以及影响食品原有品质的环境。在进出口食品检验检疫管理工作中，通常还把“其他与食品有关的物品”列入食品的管理范畴。

农产品和食品的关系

从供应链的角度看，农产品侧重于种植、养殖等初加工环境，是供应链的源头，而食品更强调加工环节。农产品与食品既相互区别，又有重叠的部分，其关系如图 1—2 所示，图中重叠的部分即食用农产品。

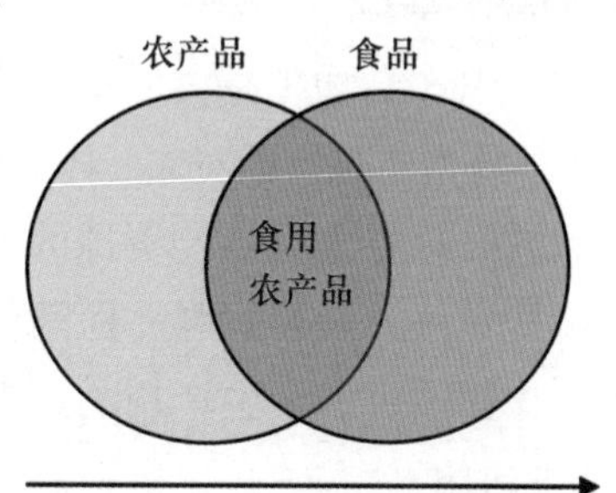

图 1—2　农产品和食品的关系

图 1—3 更加清楚地说明了农

图 1—3　农产品与食品的区别和关系

产品和食品的区别和关系。食品来源于农产品，以部分农产品为原料，农产品可以加工成各式各样的食品。

什么是农产品加工

农产品加工是对农业生产的动植物产品及其物料进行加工的各种技术，既包括对农、林、牧、水产各行业产品及其物料的加工，也包括对野生动植物资源的加工。加工的产品广泛应用于人们的衣食住行、动物饲料、医药保健、建筑材料、化工原料、再生能源及各种生活、生产用品。本书所说的农产品加工专指食用农产品的加工。

农产品的加工分为初加工和深加工。初加工是采用常规方法或传统方法，依靠简单机械进行的加工，深加工是指采用高新技术对农产品进行多层次加工。无论是初加工还是深加工，一般加工方法包括清洗、分级、脱壳、粉碎、碾磨、分离、萃取、过滤、压榨、浓缩、干燥、蒸煮、混合、冷冻、高压、油炸、烟熏等。图 1—4 所示分别为柑橘的分级过程和芒果的清洗过程。

图 1—4　柑橘分级与芒果清洗

农产品加工的特点

农产品加工有其自身的特点：

- 原材料资源分布广，陆地和水中都有。

- 产品品种繁多。

- 加工的季节性强，这是由于大多农产品加工的材料季节性强，大部分原材料不宜储存，必须在一定的时期内进行加工，否则会降低其品质，甚至腐败变质。

- 生产行业多，如粮食加工业、食用植物油加工业、果蔬加工业、饲料加工业、肉类屠宰及加工业、蛋制品加工业、乳制品加工业、水产品加工业等。

- 产品加工技术要求高，要达到产品耐久保存、富于营养、外型美观、风味可口、色香味形俱佳的要求，就要提高和改进产品加工技术。

什么是食用农产品安全

食用农产品安全问题主要针对的是由农业生产出的产品，如粮食、蔬菜、水果、肉类、鱼类及部分由农产品经过简单加工的产品。食用农产品的安全涉及生产、加工、储存等各个环节，每个环节都应达到无毒、无害、有营养的要求，保证产品具有相应的色、香、味、形等感官性状，也就是说“从产地到餐桌”的所有环节都应当是安全的。

进一步讲，食用农产品安全是指食用农产品中的致病微生物、生物毒素和化学污染物都在安全限量范围内，不应导致消费者急性或慢性毒害，更不会给个人、家庭、社区、工商业企业和国家造成重大的经济损失。

《中华人民共和国农产品质量安全法》（以下简称《农产品质量安全法》）对农产品的产地、生产、包装、监督检查、法律责任等都提出了详细的安全要求。且最新的《中华人民共和国食品安全法》已由中华人民共和国第十二届全国人民代表大会常务委员会第十四次会议于 2015 年 4 月 24 日修订通过，自 2015 年 10 月 1 日起施行。它进一步建立完善了全过程监管制度，加大了违反食品安全要求的处罚力度。全文由原来的 104 条增加到 154 条，新增了 50 条，修改了 80 条，达 3 万字，被称为“史上最严的食品安全法”。新《食品安全法》反映了消费者最关注的问题，在我国食品安全法治建设史上具有新的里程碑意义，有助于恢复我国消费者对食品行业和食品安全消费的信心。

农产品安全危害种类的划分

农产品存在的危害是指可以引起农产品不安全消费的生物性、化学性或物理性等危害，具体危害来源见表 1—2。

表 1—2　　农产品存在的主要危害种类

危害种类	危害来源
生物性危害	食源性致病细菌、食源性致病真菌、食源性病毒、寄生虫等

续表

危害种类	危害来源
化学性危害	辐射、自然毒素、重金属、农药和兽药残留、其他非法化学添加剂等
物理性危害	金属、木屑、塑料、毛发、玻璃、石头、昆虫残体等
其他危害	非法转基因产品（可能潜在危害）

话题 2 农产品质量监管与储运环节质量控制

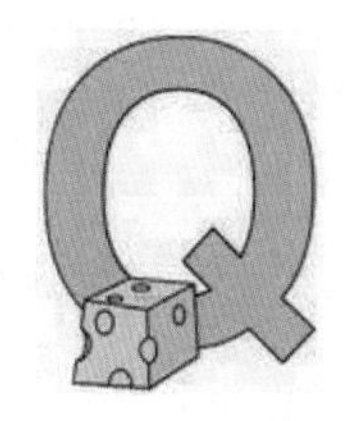

我国农产品质量安全监管制度

为确保农产品质量安全管理的各项规定落实到位，2006 年 4 月 29 日，中华人民共和国第十届全国人民代表大会常务委员会第二十一次会议通过了《中华人民共和国农产品质量安全法》（中华人民共和国主席令第四十九号公布，自 2006 年 11 月 1 日起施行）。《农产品质量安全法》根据国际通行的做法和我国农产品质量安全工作实际，规定了一系列的监管制度，包括各级政府及其农业行政主管部门以及其他相关职能部门配合的管理体制、农产品质量安全信息发布制度、农产品生产记录制度、农产品包装与标识制度、农产品质量安全市场准入制度、农产品质量安全监测和监督检查制度、农产品质量安全事故报告制度、农产品质量安全责任追究制度等。

《农产品质量安全法》明确规定了县级以上人民政府农业行政主管部门负责农产品质量安全的监督管理工作，县级以上人民政府相关部门按照职责分工负责农产品质量安全的有关工作；国务院农业行政主管部门要设立农产品质量安全风险评估专家委员会，对可能影响农产品质量安全的潜在危害进行风险分析和评估；授权国务院农业行政主管部门和省、自治区、直辖市人民政府农业行政主管部门发布农产品质量安全状况信息，还明确规定了不符合农产品质量安全标准和国家有关强制性技术规范的农产品不得上市销售的五种情形；同时，对农产品质量安全管理的公共财政投入、农产品质量安全科学研究与技术推广、农产品质量安全标准的强制性措施、农产品的标准化生产、农业投入品的监督抽查和合理使用也作出了规定。

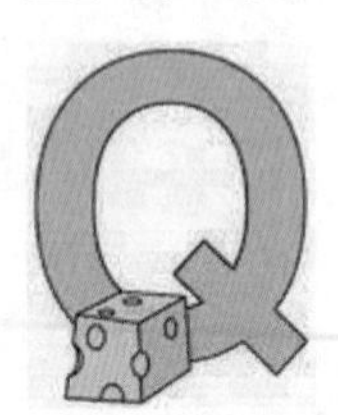

什么是农产品的储存和运输

农产品的储存和运输（图1—5）是农产品流通环节中重要的组成部分。农产品储存是指农产品的生产部门或是销售部门保存代销的农产品的过程，它处于从生产到运输销售的间隔环节，也就是农产品在流通领域中的停留阶段。农产品运输是指借助于运输工具，实现农产品在空间上位置转移的过程。做好农产品运输，要根据农产品的特点，合理组织运输，做到减少流通环节，缩短运输距离，降低运输费用，减少运输损失，以最快的速度把农产品从产地运到销售地点，从而起到加快农产品流通，保证农产品市场供应的目的。

图 1—5 农产品储存和运输

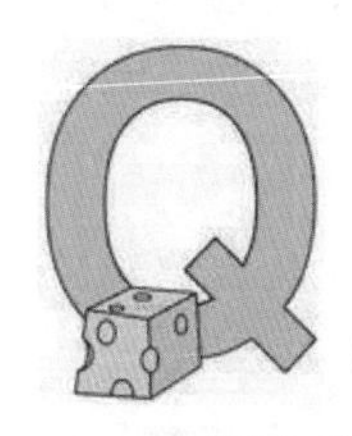

农产品储存和运输过程中安全的重要性

食用农产品生产的最终目的是为了消费，而从生产到消费需要经过一系列的流通环节，其中对质量影响最大的是产品的储存和运输。由于食用农产品在储运期间仍保持一定的生理活动，各种有害生物容易滋生，可能会造成农产品质量和数量的巨大损失。

具体来说，水果、蔬菜、粮食和鲜蛋等具有生命活动，故称为鲜活农产品。畜禽肉、鲜乳、水产鲜品等未经熟制且含水量高，故称为生鲜农产品。无论是鲜活农产品，还是生鲜农产品，其储藏性能都比较差，容易腐败变质，所以在储存和运输过程中，要采取一定的措施，保证其质量安全。

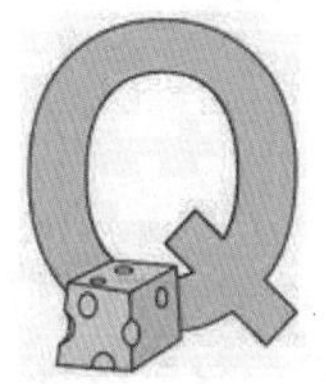

储存和运输方面涉及食用农产品安全的主要问题

储存和运输中涉及食用农产品安全的问题主要有以下几点：

●产业体系不健全。生产与储存、流通等环节脱节，片面重视产品而忽视质量和流通性。

●经营规模小。小农户和小企业分散经营，硬件设备和技术投入不足。

●低温储存运输设施严重不足。例如，常温生产、储存和运输，冷链不完善。

●对农产品保鲜中的质量安全问题关注不够。化肥、农药、兽药等滥用对食用农产品造成污染，滥用防腐保鲜剂、杀虫灭鼠剂和消毒剂。

储存过程中农产品质量安全的管理

无论采用什么方式和方法储存农产品，都包括入库前、入库时、入库后、出库时的管理。

●**入库前的准备**　对农产品进行合理的收获和入库前的处理，包括分级、分类、晾晒等，合理安排存放位置和程序，尽力减少二次集运，避免返回、对流运输。备好仓库、器械，做好仓库、货场的清理、归并、整修、加固和清洁消毒。做好培训，提高收购人员的素质。

●**入库时的管理**　对入库的农产品进行严格的检验，挑出质次劣变的产品，合理存放并详细记录。

●**入库后的管理**　入库后的管理是农产品储存质量安全控制的核心环节，要合理地控制温度和湿度，防止虫、螨、鼠、霉等有害生物的啮食和侵害，防止各种人为的、自然的灾害，如偷盗、水灾、火灾等。定期检查农产品质量，根据现实情况尽快合理解决不良变化。

●出库时的管理　要对产品种类和质量、车辆卫生状况、出货单据进行严格核准，防止错发、错运或是延误时间。

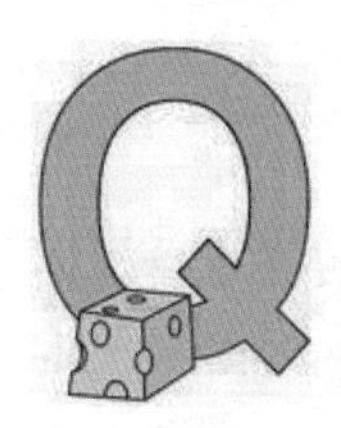

运输过程中农产品质量安全的管理

运输农产品的车辆、容器、工具等都应安全无害，要防雨、防霉、防毒，运输粮食、蔬菜、鱼、肉的车辆和工具最好能专用。

运输过程中，食用农产品要分类放置，避免相互污染和串味，切忌与农药、化肥等货物一起运输；要适当分级和包装，提高产品的美观度和一致性，要轻拿、轻放、轻卸；要防热、防晒、防冻、防淋、防蝇、防鼠、防蟑螂、防尘等；运输活的动物，要防止拥挤，如果路途遥远，要提供足够的饮用水、空气和饲料；要完善卫生安全监督机制，强化管理。

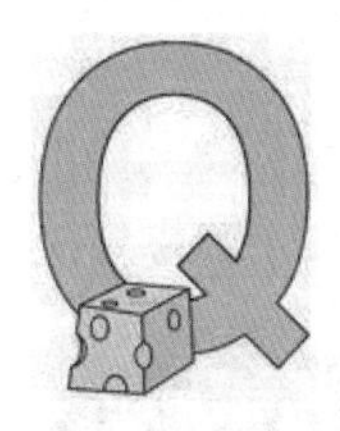

合理组织鲜活易腐农产品的运输

鲜活易腐农产品的运输要使用专门的运输工具，以保证维持特定的温度，防止农产品的腐败、变质。对活的动物，应供给饲料、饮水，以防止其受伤，甚至死亡。具体来讲，鲜活易腐农产品的运输过程中，要注意以下问题：

●运输前应对鲜活农产品进行适当的包装，并对包装状况进行检查。包装要根据农产品的性质、质量、运输距离、运输工具和气候条件来确定。

● 运输前应对鲜活易腐农产品进行质量检查，查看其是否符合运输的要求。对新鲜水果、蔬菜等，要检查有无腐烂、裂碎、损伤、干枯、水湿、过热等问题；对动物产品，看其是否新鲜，有无异味。检查合格的农产品才能运输。

● 运输时，应满足鲜活农产品的环境温度和湿度要求。根据农产品的种类、性质、状态、产地、生产季节、运输时间来确定运输时的温度和湿度。

● 将农产品运到目的地后，应对农产品进行严格检查，把需要冷藏的农产品直接转运或是在冷库中暂存，其他产品要分级分批储存，剔除腐败的农产品。

● 鲜活农产品运输绿色通道（图 1—6）最初于 1995 年组织实施，主要是在收费站设立专用通道口，对整车合法运输鲜活农产品的车辆给予“不扣车、不卸载、不罚款”和减免通行费的优惠政策。2010 年 12 月 1 日起，绿色通道扩大到全国所有收费公路，而且减免品种进一步增加，主要包括新鲜蔬菜、水果、鲜活水产品、活的畜禽及新鲜的肉、蛋、奶等。

图 1—6　鲜活农产品运输绿色通道

话题 3　无公害农产品质量安全认证

什么是无公害农产品

为解决我国农产品基本质量安全问题，经国务院批准，农业部于 2001 年启动“无公害食品行动计划”，并于 2003 年开展了全国统一标志的无公害农产品认证工作。目前，无公害农产品认证已成为许多大、中城市农产品市场准入的重要条件。无公害农产品是指产地环境、生产过程、产品质量符合国家有关标准和规范的要求，经认证合格获得认证证书并允许使用无公害农产品标志的未经加工或初加工的食用农产品。也可以说无公害农产品是源于良好的生态环境，按照专门的生产（养殖、栽培）技术规程生产或加工，无有害物质残留或残留控制在一定范围之内，经专门机构检测，符合标准规定的卫生质量指标，并许可使用专门标志的农产品。

无公害农产品的标志及涵义

图 1—7 是无公害农产品的标志，主要由麦穗、对勾和“无公害农产品”字样组成。麦穗代表农产品，对勾表示合格，金色寓意成熟和丰收，绿色象征环保和安全。无公害农产品是经过农业部农产品质量安全中心认证的，凡是认证的产品在市场上销售时

一般都要有全国统一的无公害农产品标志。辨别无公害农产品标志的真伪，可以通过登录中国农产品质量安全网（http：//www.aqsc.agri.gov.cn）进行防伪标志查询。通过查询不但能辨别标志的真伪，而且还能了解认证产品的生产厂家、产品名称、品牌等相关信息。

图 1—7 无公害农产品标志

生产无公害农产品禁用的农药

生产无公害农产品要强化科学合理的用药意识，推广病虫综合防治技术和新型农药及其施药用具。尽量使用高效、低毒、低残留的新型农药，利用生物技术降解残留药物，要避免过量用药和滥用农药、兽药，在安全期进行农产品的收获。

国家明令禁止使用的农药 包括六六六（HCH），滴滴涕（DDT），毒杀芬（camphechlor），二溴氯丙烷（dibromochloropane），杀虫脒（chlordimeform），二溴乙烷（EDB），除草醚（nitrofen），艾氏剂（aldrin），狄氏剂（dieldrin），汞制剂（mercury compounds），砷（arsena）、铅（acetate）类，敌枯双，氟乙酰胺（fluoroacetamide），甘氟（gliftor），毒鼠强（tetramine），氟乙酸钠（sodiumfluoroacetate），毒鼠硅（silatrane），甲胺磷（methamidophos），甲基对硫磷（parathion–methyl），对硫磷（parathion），久效磷（monocrotophos），磷胺（phosphamidon），苯线磷（fenamiphos），地虫硫磷（fonofos），甲基硫环磷（phosfolan–methyl），磷化钙（calcium phosphide），磷化镁（magnesium phosphide），磷化锌（zinc phosphide），硫线磷（cadusafos），蝇毒磷（coumaphos），治螟磷（sulfotep），特

丁硫磷（terbufos）。

在蔬菜、果树、茶叶、中草药材上不得使用和限制使用的农药　甲拌磷（phorate），甲基异柳磷（isofenphos-methyl），内吸磷（demeton），克百威（carbofuran），涕灭威（aldicarb），灭线磷（ethoprophos），硫环磷（phosfolan），氯唑磷（isazofos）8种高毒农药不得用于蔬菜、果树、茶叶、中草药材上。禁止氧乐果（omethoate）在甘蓝和柑橘树上使用；禁止三氯杀螨醇（dicofol）和氰戊菊酯（fenvalerate）在茶树上使用；禁止丁酰肼（比久，daminozide）在花生上使用；禁止水胺硫磷（isocarbophos）在柑橘树上使用；禁止灭多威（methomyl）在柑橘树、苹果树、茶树和十字花科蔬菜上使用；禁止硫丹（endosulfan）在苹果树和茶树上使用；禁止溴甲烷（methyl bromide）在草莓和黄瓜上使用；除卫生用、玉米等部分旱田种子包衣剂外，禁止氟虫腈（fipronil）在其他地方使用。

生产无公害农产品的施肥要求

农业生产中，要严格按照生产无公害农产品的相关标准，无公害农作物以施有机肥为主，化肥为辅；以施多元复合肥为主，单元肥料为辅；以施基肥为主，追肥为辅。无公害农作物可以施用的肥料类型和种类见表1—3。

表1—3　无公害农作物可以施用的肥料类型和种类

肥料类型	具体举例
有机肥	堆肥、厩肥、沼气肥、绿肥、作物秸秆、泥肥、饼肥等
化肥	硫酸铵、尿素、过磷酸钙、硫酸钾等，复合肥或是专用肥

续表

肥料类型	具体举例
生物菌肥	腐植酸类肥料、根瘤菌肥料、磷细菌肥料、复合微生物肥料等
微量元素肥料	以铜、铁、硼、锌、锰等微量元素及有益元素为主配制的肥料
其他肥料	骨粉、氨基酸残渣、家畜加工废料、糖厂废料等

生产无公害农产品，禁止使用以下肥料：

- 垃圾肥，即以城市垃圾、医院垃圾、工业区垃圾或有毒污泥等为有机原料制成的有机肥。
- 未腐熟的人粪尿。
- 未腐熟的饼肥。
- 废酸磷肥，以废酸（硫酸、磷酸）生产的过磷酸钙或其他磷肥。
- 含激素或激素类叶面肥料。
- 忌氯作物（洋芋、烟草、柑橘、西瓜等）禁施含氯肥料（氯化铵、氯化钾、含氯的复混肥料）。
- 在蔬菜生产中，禁止施用含硝态氮的肥料（包括硝酸铵、硝酸钾复合肥及硝态氮的复混肥料）。

生产无公害畜产品对饲料的要求

饲料及其原料应具有一定的新鲜度，具有该品种应有的色、臭、味和组织形态特征，无发霉、变质、结块、异味及异臭。饲料中有害物质及微生物允许量应符合《饲料卫生标准》（GB 13078—2001）及相关标准的要求。严禁使用含有明令禁用的激素、有毒（害）重金属、抗生素类等物质的饲料。

什么是无公害农产品认证

无公害农产品认证是政府行为，依据国家认证认可制度和相关政策法规、程序和无公害食品标准，对未经加工或初加工的食用农产品的产地环境、农业投入品、生产过程和产品质量进行全程审查和验证。无公害农产品认证采取产地认定与产品认证相结合的方式。由省级以上农业行政主管部门组织完成无公害农产品产地认定（包括产地环境监测），并颁发《无公害农产品产地认定证书》。由农业部农产品质量安全中心完成无公害农产品认证，并向评定合格的农产品颁发《无公害农产品认证证书》，允许使用全国统一的无公害农产品标志，认证不收取任何费用。

无公害农产品认证程序

无公害农产品认证主要遵循以下程序：

● 省级承办机构接收《无公害农产品产地认定与产品认证申请和审查报告》及附报材料，可登录中国农产品质量安全网（http：//www.aqsc.agri.gov.cn），下载相关表格，审查材料是否齐全、完整，核实材料内容是否真实、准确，生产过程是否有禁用农业投入品使用和投入品使用不规范的行为。

● 无公害农产品定点检测机构进行抽样、检测。

● 农业部农产品质量安全中心所属专业认证分中心对省级承办机构提交的初审情况和相关申请材料进行复查，对生产过程控制措施的可行性、生产记录档案和产品（检测报告）的符合性进行审查。

● 农业部农产品质量安全中心根据专业认证分中心审查情况，组织召开“认证评审专家会”进行最终评审。

● 农业部农产品质量安全中心颁发认证证书，核发认证标志，并报农业部和国家认证认可监督管理委员会（以下简称国家认监委）联合公告。

无公害农产品认证需要提交的材料

在《无公害农产品产地认定与产品认证申请和审查报告》中规定需附报以下材料：

● 国家法律法规规定申请人必须具备的资质证明文件复印件。

● 《无公害农产品内检员证书》复印件。

● 无公害农产品生产质量控制措施（内容包括组织管理、投入品管理、卫生防疫、产品检测、产地保护等）。

● 最近生产周期农业投入品（农药、兽药、渔药等）使用记录复印件。

- 《产地环境检验报告》及《产地环境现状评价报告》（由省级工作机构选定的产地环境检测机构出具）或《产地环境调查报告》（由省级工作机构出具）。
- 《产品检验报告》原件或复印件加盖检测机构印章（由农业部农产品质量安全中心选定的产品检测机构出具）。
- 《无公害农产品认证现场检查报告》原件（由负责现场检查的工作机构出具）。
- 无公害农产品认证信息登录表（电子版）。
- 其他要求提交的有关材料。

话题 4　绿色食品质量安全认证

什么是绿色食品

绿色食品并不是专指绿色的食品，而是指在无污染的条件下种植、养殖，施有机肥料，不用高毒性、高残留农药，在标准环境、生产技术、卫生标准下加工生产，经权威机构认定并使用专门标志的安全、优质、营养类食品。总之，绿色食品既包括初级的动植物产品，也包括次级深加工产品；在颜色外观上既有绿色的产品（如蔬菜绿色食品等），又有黑色（黑五类绿色食品等）、白色（如牛奶绿色食品等）或其他颜色的产品。绿色食品区分为 AA 级和 A 级，其评定标准见表 1—4。

表 1—4　　　　绿色食品分级

绿色食品分级	标　准
A 级绿色食品	指在生态环境质量符合规定标准的产地，生产过程中允许限量使用限定的化学合成物质，按特定的操作规程生产、加工，产品质量及包装经检测、检验符合特定标准，并经专门机构认定，许可使用 A 级绿色食品标志的产品
AA 级绿色食品	指在生态环境质量符合规定标准的产地，生产过程中不使用任何有害化学合成物质，按特定的操作规程生产、加工，产品质量及包装经检测、检验符合特定标准，并经专门机构认定，许可使用 AA 级绿色食品标志的产品

AA 级绿色食品标准已经达到甚至超过国际有机农业运动联盟（IFOAM）关于有机食品的基本要求。

绿色食品标志及涵义

绿色食品标志（图 1—8）由三部分组成，即上方的太阳、下方的叶片和中心的蓓蕾，象征自然生态；颜色为绿色，象征着生命、农业、环保；图形为正圆形，意为保护。绿色食品标志图形描绘了明媚阳光照耀下的和谐生机，告诉人们绿色食品正是出自纯净、良好生态环境的安全无污染食品，能给人们带来蓬勃的生命力。同时，绿色食品标志还提醒人们要保护环境，通过改善人与自然的关系，创造自然界的和谐。产品包装的四项标注内容可以用来识别绿色食品，即图形商标、文字商标、绿色食品标志许可使用编号和“经中国绿色食品发展中心许可使用绿色食品标志”字样，具体可登录中国绿色食品网查询（http://www.greenfood.org.cn）。图 1—9 为某商品包装上的绿色食品标志。

图 1—8　绿色食品标志

图 1—9　某商品包装上的绿色食品标志

绿色食品标志编码的含义

为了适应绿色食品事业发展和加强绿色食品标志管理的需要，2009年8月1日起实施新的编号制度，标志编号形式如下：

GF××××××××××××

"GF"是绿色食品英文"GREEN FOOD"头一个字母的缩写组合，后面为12位阿拉伯数字，其中一到六位为地区代码（按行政区划编制到县级），七到八位为企业获证年份，九到十二位为当年获证企业序号。

哪些产品可以进行绿色食品产品认证

绿色食品标志是中国绿色食品发展中心在国家工商行政管理总局商标局注册的证明商标，受《中华人民共和国商标法》的保护，中国绿色食品发展中心作为商标注册人享有专用权，包括独占权、转让权、许可权和继承权。未经注册人许可，任何单位和个人不得使用。按国家商标类别划分的第5、29、30、31、32、33类中的大多数产品均可申报绿色食品标志，如第5类的婴儿食品、医用营养品等，第29类的肉、家禽、水产品、奶及奶制品、食用油脂等，第30类的食盐、酱油、醋、米、面粉及其他谷物类制品、豆制品、调味用香料等，第31类的新鲜蔬菜、水果、干果、种子、活生物等，第32类的啤酒、矿泉水、水果饮料及果汁、固体饮料等，第33类的含酒精饮料等。新近开发的一些新产品，只要经国家卫生和计划生育委员会（以下简称卫计委）以“食”字或“健”字登记的，均可申报绿色食品标志。经卫计委公告的既是食品又是药品的品种，如紫苏、菊花、白果、陈皮、红花等，也可申报绿色食品标志。暂不受理油炸方便面、叶菜类酱菜（盐渍品）、火腿肠及作用机理不甚清楚的产品（如减肥茶）的申请。同时，绿色食品拒绝转基因技术。由转基因原料生产（饲养）加工的任何产品均不受理。

绿色食品认证的程序

按照《绿色食品标志管理办法》（农业部令 2012 年第 6 号）的要求，申请使用绿色食品标志的程序如下：

- 申请人向省级工作单位提出申请。

- 省级工作机构应当自收到申请之日起十个工作日内完成材料审查。符合要求的，予以受理，并在产品及产品原料生产期内组织有资质的检查员完成现场检查。不符合要求的，不予受理，书面通知申请人并告知理由。

- 现场检查合格的，省级工作机构应当书面通知申请人，由申请人委托符合规定的检测机构对申请产品和相应的产地环境进行检测。现场检查不合格的，省级工作机构应当退回申请并书面告知理由。

- 检测机构接受申请人的委托后，应当及时安排现场抽样，并自产品样品抽样之日起二十个工作日内、环境样品抽样之日起三十个工作日内完成检测工作，出具产品质量检验报告和产地环境监测报告，提交省级工作机构和申请人。

- 省级工作机构应当自收到产品检验报告和产地环境监测报告之日起二十个工作日内提出初审意见。初审合格的，将初审意见及相关材料报送中国绿色食品发展中心。初审不合格的，退回申请并书面告知理由。

- 中国绿色食品发展中心应当自收到省级工作机构报送的申请材料之日起三十个工作日内完成书面审查，并在二十个工作日内组织专家评审。必要时，应当进行现场核查。

- 中国绿色食品发展中心应当根据专家评审的意见，在五个工作日内作出是否颁证的决定。同意颁证的，与申请人签订绿色食品标志使用合同，颁发绿色食品标志使用证书，并公告。不同意颁证的，书面通知申请人并告知理由。

绿色食品标志使用证书是申请人合法使用绿色食品标志的凭证，应当载明准许使用的产品名称、商标名称、获证单位及其信息编码、核准产量、产品编号、标志使用有效期、颁证机构等内容。绿色食品标志使用证书分中文、英文版本，具有同等效力。

绿色食品认证需要提交的材料

- 《绿色食品标志使用申请书》。
- 《企业情况调查表》。
- 保证执行绿色食品标准和规范声明。
- 生产操作规程（种植规程、养殖规程、加工规程）。

- 公司对“基地 + 农户”的质量控制体系（包括合同、基地图、基地和农户清单、管理制度）。
- 产品执行标准。
- 产品注册商标文本（复印件）。
- 企业营业执照（复印件）。
- 质量管理手册。

话题 5　有机食品质量安全认证

什么是有机食品

有机食品是指以获得有机认证的农产品或野生产品为原料，按照有机食品生产、加工标准生产加工，并经有资质的认证机构认证的食品。有机食品包括谷物、蔬菜、水果、饮料、畜禽产品、调料、食用菌、蜂蜜、水产品等。有机食品最大的特点就是在原料生产与产品加工过程中不使用任何人工合成的农药、化肥、除草剂、生长激素、防腐剂、合成添加剂等化学物质。有机食品通常需要具备以下 4 个条件：

- 原料必须来自于已建立的有机农业生产体系，或是采用有机方式采集的野生天然产品。
- 在整个产品生产过程中严格遵循有机食品的加工、包装、储藏、运输标准。

● 生产者在有机食品生产和流通过程中，有完善的质量控制和跟踪审查体系，有完整的生产和销售记录档案。

● 必须通过有资质的有机认证机构的认证。

有机食品标志及涵义

中国有机产品认证标志和中国有机转换产品认证标志的主要图案由三部分组成，即外围的圆形、中间的种子图形及其周围的环形线条，如图 1—10 所示。图 1—11 为某商品包装上的有机标志。

有机产品认证标志

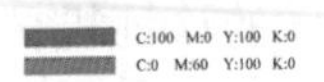

有机转换产品认证标志

C:0 M:40 Y:100 K:40
C:0 M:60 Y:100 K:0

图 1—10 中国有机产品认证标志和中国有机转换产品认证标志

图 1—11 某商品包装上的有机标志

标志外围的圆形，形似地球，象征和谐、安全，圆形中的“中国有机产品”和“中国有机转换产品”字样为中英文结合方式。既表示中国有机产品与世界同行，也有利于国内外消费者识别。

标志中间类似种子的图形代表生命萌发之际的勃勃生机，象征了有机产品是从种子开始的全过程认证，同时昭示出有机产品就如同刚刚萌生的种子，正在我国大地上茁壮成长。

种子图形周围圆润自如的线条象征环形的道路，与种子图形合并构成汉字“中”，体现出有机产品植根于中国，有机之路越走越宽广。同时，处于平面的环形又是英文字母“C”的变体，种子形状也是“O”的变形，意为“China Organic”。

绿色代表环保、健康，表示有机产品给人类的生态环境带来完美与协调。橘红色代表旺盛的生命力，表示有机产品对可持续发展的作用。褐黄色代表肥沃的土地，表示有机产品在肥沃的土壤中不断发展。

有机食品认证程序

有机食品认证属于产品认证的范畴，虽然各认证机构的认证程序有一定差异，但根据《中华人民共和国认证认可条例》、国家质量监督检验检疫总局《有机产品认证管理办法》、国家认证认可监督管理委员会《有机产品认证实施规则》和中国认证机构国家认可委员会《产品认证机构通用要求：有机产品认证的应用指南》的要求以及国际通行做法，有机食品认证的模式通常为“过程检查 + 必要的产品和产地环境检测 + 证后监督”。

认证程序一般包括认证申请和受理、检查准备与实施、合格评定和认证决定、监督与管理认证等主要流程。广义的有机食品除包括可食用的有机食品外，还包括农药、肥料、饲料添加剂、兽药、渔药等农业生产资料及其他产品，其认证程序与有机食品认证程序相同。

有机食品、绿色食品、无公害农产品有哪些区别

有机食品、绿色食品、无公害农产品的主要区别见表 1—5。

表 1—5　有机食品、绿色食品、无公害农产品的区别

标准		化学合成品	认证机构	产地环境
有机食品		不使用	具有认证资质的机构	由常规生产向有机生产需要转换，提供最近 3 年生产基地使用状况
绿色食品	AA 级	不使用	中国绿色食品发展中心	环境质量符合 NY/T 391—2013①
	A 级	限量使用限定的化学合成生产资料	中国绿色食品发展中心	环境质量符合 NY/T 391—2013
无公害农产品		有毒有害物质控制在标准规定限量范围之内	农业部及各省市食用农产品安全生产体系办公室	环境质量符合 NY/T 5295—2015②

① NY/T 391—2013《绿色食品产地环境质量》。
② NY/T 5295—2015《无公害农产品产地环境评价标准》。

无公害农产品、绿色食品以及有机食品三者的共同特征是生产基地环境清洁化、生产过程生态化、管理制度化、产品标志化，即产地环境符合标准、生产遵循相应的技术规程、产品符合卫生标准、经过有关部门认证获取标志使用资格，实行从“土地到餐桌”全过程管理。三者生产环境的标准有差别、生产过程控制的程度以及认证机构不同。无公害农产品采取的标准是满足人体健康的基本标准，有机食品则要求完全不采用化学合成的生产物质，如农药、化肥、生长调节剂、畜禽饲料添加剂等，要求非常严格。绿色食品则介于无公害农产品和有机食品之间，绿色食品 A 级标准与无公害农产品差不多，绿色食品 AA 级标准则与有机食品相近，认证机构不同。

从字面上看，无公害农产品可以理解为“不会对公共健康造成危害的农产品”，因此，市场上的无公害农产品、绿色食品、有机食品等，它们都是广义的无公害农产品。本书所指的无公害农产品是广义的无公害农产品，包括绿色食品、有机食品。

话题 6　农产品地理标志

什么是农产品地理标志

农业部于 2007 年 12 月 25 日颁布了《农产品地理标志管理办法》，并于 2008 年 2 月 1 日起施行。《农产品地理标志管理办法》中对农产品地理标志作了明确的定义：农产品地理标志是指标示农产品来源于特定地域，产品品质和相关特征主要取决于自然生态环境和历史人文因素，并以地域名称冠名的特有农产品标志。此处所称的农产品是指来源于农业的初级产品，即在农业活动中获得的植物、动物、微生物及其产品。

地理标志的基本特征有三点：

- 标明了商品或服务的真实来源（即原产地的地理位置）。
- 该商品或服务具有独特品质、声誉或其他特点。
- 该品质或特点本质上可归因于其特殊的地理来源。

如“五常大米”作为黑龙江省的地理标志产品，以其独特、优良的品质享誉国内外。然而，一直以来，市场上伪造假冒产品众多，严重侵害了生产经营者的权益，也给消费者造成了损失。推行和实施《农产品地理标志管理办法》，有助于进一步规范地理标志产品市场环境。

小资料

地理标志是一个地域的名称，属于这个地域共有，而不属于某个特定的企业或公民个人独特享有。农产品地理标志的权利主体是地理标志所指定区域的相关组织，除相关团体和法人外，还应当包括地方政府相关职能机构及地方政府委托的机构。按照国际惯例，地理标志原则上不能用作注册商标。

农产品地理标志及涵义

我国农产品地理标志基本图案由“中华人民共和国农业部”中英文字样、“农产品地理标志”中英文字样和麦穗、地球、日月图案等元素构成，如图 1—12 所示。标志的核心元素为麦穗、地球、日月相互辉映图案，麦穗代表生命与农产品，同时从整体上看是地球在宇宙中的运动状态，代表了农产品地理标志和地球、人类共存的内涵。标志的颜色由绿色和橙色组成，绿色象征农业和环境保护，橙色寓意着丰收和成熟。

图 1—12　农产品地理标志

申请地理标志登记的农产品应当符合哪些条件

申请地理标志登记的农产品，应当符合下列条件：

- 称谓由地理区域名称和农产品通用名称构成。
- 产品有独特的品质特性或者特定的生产方式。
- 产品品质和特色主要取决于独特的自然生态环境和人文历史因素，产品有限定的生产区域范围，产地环境、产品质量符合国家强制性技术规范要求。

申请农产品地理标志登记的程序

● 农产品地理标志登记申请人（以下简称“申请人”）应当符合《农产品地理标志管理办法》规定的条件，由县级以上地方人民政府择优确定并出具相应的资格确认文件。申请登记的农产品生产区域在县域范围内的，由申请人提供县级人民政府出具的资格确认文件；跨县域的，由申请人提供地市级以上地方人民政府出具的资格确认文件。

● 申请人应当根据申请登记的农产品分布情况和品质特性，科学合理地确定申请登记的农产品地域范围，包括具体的地理位置、涉及村镇和区域边界，并报出具资格确认文件的地方人民政府农业行政主管部门审核，出具地域范围确定性文件。

● 申请人应当根据申请登记的农产品产地环境特性和产品品质典型特征，制定相应的质量控制技术规范，包括产地环境条件、生产技术规范和质量安全技术规范。

● 申请人应当向省级农业行政主管部门提出登记申请，并提交下列材料一式三份：登记申请书、申请人资质证明、农产品地理标志产品品质鉴定报告、质量控制技术规范、地域范围确定性文件和生产地域分布图、产品实物样品或者样品图片、其他必要的说明性或者证明性材料。

农产品地理标志登记申请需要提交的材料

符合农产品地理标志登记条件的申请人，可以向省级人民政府农业行政主管部门提出登记申请，并提交下列申请材料：

- 登记申请书。
- 申请人资质证明。
- 产品典型特征特性描述和相应产品品质鉴定报告。
- 产地环境条件、生产技术规范和产品质量安全技术规范。
- 地域范围确定性文件和生产地域分布图。
- 产品实物样品或者样品图片。
- 其他必要的说明性或者证明性材料。

话题 7　农业转基因生物标识

什么是转基因农产品

转基因农产品是利用基因工程技术改造农作物或是养殖动物而获得的农产品。根据国务院《农业转基因生物安全管理条例》的规定，农业转基因生物是指利用基因工程技术改变基因组构成，用于农业生产或农产品加工的动植物、微生物及其产品，主要包括：

- 转基因动植物（含种子、种畜禽、水产苗种）和微生物。
- 转基因动植物、微生物产品。
- 转基因农产品的直接加工品。
- 含有转基因动植物、微生物或是其产品成分的种子、种畜禽、水产苗种、农药、兽药、肥料、添加剂等产品。

转基因农产品存在极大的安全不确定性，其转基因生物安全是指防范农业转基因生物对人类、动植物、微生物和生态环境构成的危险或潜在风险。

农业转基因生物标识的标注

- 转基因动植物（含种子、种畜禽、水产苗种）和微生物，转基因动植物、微生物产品，含有转基因动植物、微生物或者其产品成分的种子、种畜禽、水产苗种、农药、兽药、肥料、添加剂等产品，直接标注“转基因 ××”，如图 1—13 所示。
- 转基因农产品的直接加工品，标注“转基因 ×× 加工品（制成品）”或者“加工原料为转基因 ××”。
- 用农业转基因生物或用含有农业转基因生物成分的产品加工制成的，但最终销售产品中已不再含有或检测不出转基因成分的产品，标注为“本产品为转基因 ×× 加工制成，但本产品中已不再含有转基因成分”，或者标注为“本产品加工原料中有转基因 ××，但本产品中已不再含有转基因成分”。

农业转基因生物标识应当醒目，并和产品的包装、标签同时设计和印制。

有特殊销售范围要求的农业转基因生物，还应当明确标注销售的范围，可标注为“仅限于 ×× 销售（生产、加工、使用）”。

农业转基因生物标识应当使用规范的中文汉字进行标注。

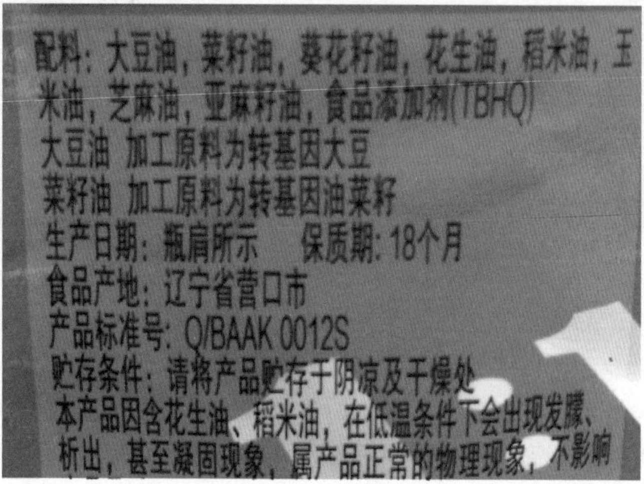

图 1—13　某商品包装上的转基因生物标识

第二讲 农产品质量安全标准

农产品质量安全标准是判断农产品质量安全的依据，是农产品生产经营者自控的准绳，是开展农产品产地认定和产品认证的依据，是各级政府部门开展例行监测和市场监督抽查的依据，是政府履行农产品质量安全监督管理职能的基础。可以说，没有标准，就无所谓质量安全；没有标准，就无所谓农产品质量安全监督管理。实践证明，标准的实施是促进农业科技成果转化为生产力的有效途径，是提升农产品质量安全水平的重要保证，是增强农产品国际竞争力、在国际贸易中依法进行自我保护的重要武器，是实现农业节本增效和农民增收的有力支撑，是建设现代农业和社会主义新农村的必由之路。

话题1　标准的基础知识

什么是标准

标准是以科学、技术和实践经验的综合成果为基础，对重复性事物和概念所做的统一规定。

制定标准对企业有什么意义

标准有利于企业技术的进步。当企业现行生产技术水平无法满足高水平产品标准要求时，唯一的出路就是科技创新，用高新技术和先进适用技术改造和提升传统产业，促进企业技术的进步，因此标准是推动技术进步的杠杆，是产品不被淘汰的保证。

企业只有赢得市场竞争才能发展，而赢得市场竞争的前提，一是识别顾客需求信息，并把这些信息转化为标准中的质量要求，生产出顾客满意的产品；二是制定标准，掌握市场竞争的制高点，使其他企业必须按照本企业制定的标准进行生产经营活动，这也是众多先进企业争相参与制定国家、行业、地方标准的根本原因。标准层级越高，影响范围可能也会越大。

标准主要有哪些分类

标准体系是以产品、过程、服务、管理为中心，将生产或工作的全过程中所涉及的全部标准综合起来组成的。以农产品质量安全标准体系为例，标准涉及农产品产前、产中、产后的各个环节，贯穿于农产品生产的整个过程。

从执行层面看，我国标准体系有四个层级，即国家标准、行业标准、地方标准和企业标准。

● **国家标准**　对需要在全国范围内统一的技术要求，应当制定国家标准。国家标准由国务院标准化行政主管部门制定。

● **行业标准**　对没有国家标准而又需要在全国某行业范围内统一的技术要求，可制定行业标准。行业标准由国务院有关行政主管部门制定，并报国务院标准化行政主管部门备案，在公布国家标准后，该项行业标准即行废止。

● **地方标准**　对没有国家标准和行业标准而又需要在省、自治区、直辖市范围内统一的工业产品的安全卫生要求，可制定地方标准。地方标准由省、自治区、直辖市标准化行政主管部门制定，并报国务院标准化行政主管部门和国务院有关行政主管部门备案，在公布国家或行业标准后，该项地方标准即行废止。

● **企业标准**　企业生产的产品没有国家标准和行业标准的，应制定企业标准。已有国家标准或行业标准的，国家鼓励企业制定严于国家标准或行业标准的企业标准，并在企业内部适用。企业的产品标准须报当地政府标准化行政主管部门和有关行政主管部门备案。

从约束力上来分，标准可分为强制性标准和推荐性标准。强制性标准一般涉及保障人体健康、人身和财产安全，以及法律法规规定强制执行的标准，如《食品安全国家标准 食品中农药最大残留限量》（GB 2763—2014）。推荐性标准为主管部门鼓励自愿采用的标准，如农业行业标准《蔬菜加工名词术语》（NY/T 2780—2015）。强制性标准具有法的属性，属于技术法规，而这种法的属性并非强制性标准的自然属性，是人们根据标准的重要性、经济发展情况和需要，通过立法形式所赋予的；而推荐性标准不具有法的属性，属于技术文件，不具有强制执行的功能。

此外，从内容上来分，标准还可分为基础标准、产品标准、方法标准、安全卫生与环境保护标准、管理标准等。农产品相关的各类标准涵盖范围举例见表 2—1 。

表 2—1　农产品各类标准涵盖范围举例说明

分类	主要涵盖范围
安全卫生标准	农产品中农药、兽药、重金属、生物毒素、致病微生物等有毒有害物质最大允许量或最大残留限量
农业投入品类标准	农业生产所用种子种苗、肥料、农药、兽药、饲料、饲料添加剂等的质量标准
农业资源环境类标准	动植物种质资源、农业水资源、耕地资源、草地资源、农产品产地环境（含养殖环境）、生态环境等方面的标准
动植物防疫检疫类标准	动植物检疫与防疫、诊断与防治等方面的标准
管理规范类标准	农业投入品安全使用准则、农产品安全控制规范（GAP、GMP、GVP、HACCP①）以及农产品包装、标识、储运等方面的标准
分等分级标准	重要农产品质量、规格的分等分级标准
生产技术规程	农产品种植、养殖、采摘、捕捞、保鲜加工等操作技术规程
分析测试方法类标准	农业生态环境、农药肥料等农业投入品、农产品成分等的分析与测试技术规范

续表

分类	主要涵盖范围
名词术语类标准	农产品质量及其安全的名词、术语等方面标准

① GAP，良好农业规范；GMP，良好操作规范；GVP，良好兽医规范；HACCP，危害分析及关键控制点。

标准代码怎么区分

我国标准的编号由标准代号、标准发布顺序号和标准发布年代号构成，标准代码及含义如图 2—1 所示。

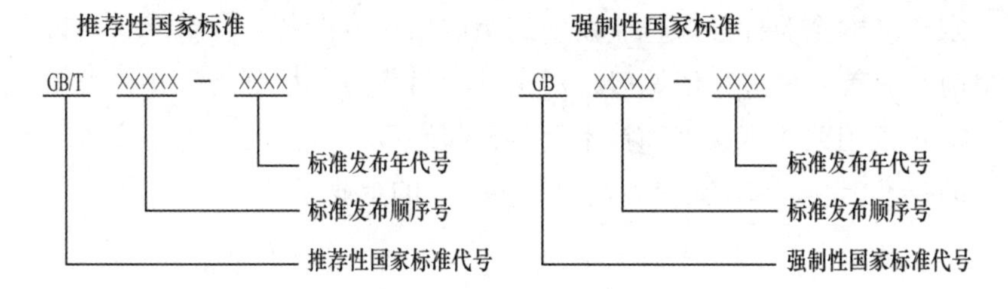

图 2—1　标准代码及含义

国家标准　GB。

行业标准　由大写汉语拼音字母组成，如：NY（农业）、HJ（环境保护）、SN（商检、进出口）等。

地方标准　由大写汉语拼音字母 DB 加上省、自治区、直辖市行政区划代码的前面两位数字（如北京市 11、天津市 12）。

企业标准　由大写汉语拼音字母 Q 加斜线再加企业代号组成（Q/××××），企业代号可用大写拼音字母或阿拉伯数字或者两者兼用来表示。

企业标准怎么制定

为了适应市场竞争，企业了解标准化工作的相关知识，解决产品标准制定、修订过程中所产生的问题，对企业的生存和发展是十分重要的。一般在 3 种情况下可制定企业标准：

根据生产实际确定起草企业标准　标准是指导企业生产和经营的依据。在我国，通过发布国家、行业和地方标准，对各类产品的技术要求及其试验方法作出具体规定，对已有国家或行业标准的产品，企业应遵照标准执行；对尚无上级标准的，应当制定产品的企业标准。企业在确定生产项目或准备开发新产品项目前，应首先做好市场调研，对产品项目作可行性分析，并尽可能地收集相关法规文献和技术资料，起码应了解国内是否有该产品的技术标准，再确定是否需要制定产品的企业标准。

根据产品特点制定企业标准　我国国家或行业的产品标准，多数为推荐性标准，企业可以结合本企业产品的实际参照执行或根据本企业产品特点制定企业标准。起草企业产品标准时，应当在充分消化吸收国家、行业标准的基础上选取其产品主要技术指标项目和经检验可体现产品特性的数据进行客观表述。企业标准经标准化行政主管部门审查、备案后，就可作为指导企业生产和经营的依据，也可作为产品质量仲裁的依据。

根据产品实际确定企业标准指标　激烈的市场竞争使很多企业意识到产品质量的重要性。为此，企业在制定产品标准时，都会考虑选取可以达到的、较高的技术指标。国家也鼓励企业制定严于上级标准的企业标准。但并不是说，任何一种产品的技术指标订得越高越好。不同产品都有该产品应具备的科学合理的指标。有些国家标准是对同类产品提出的一般性规定，这些规定不是特指某种单一产品，而且其中有些标准或标准条文规定是强制性的，主要涉及安全、卫生、环境保护等方面，在制定产品的企业标准时必须遵照执行。如食品添加剂的使用，国家已有强制性标准，对不同种类、不同用途的食品添加剂及其使用限量提出了明确规定，企业标准中就不能随意对这些项目和指标加以改动。

话题 2　农产品质量安全基础标准

农产品质量安全基础标准主要包括农产品质量及安全的名词、术语等方面的标准及农产品分类、编码标准等。

名词术语类标准

术语是具有某一目的，而被使用的语言。术语是由单词或句子所组成，以声音或文字的形式来表达。如化学、霉菌、微生物、发酵、酿造、调味、副食、酱油、食品、香料、成分、药酒、啤酒、汽水、冰糕、冰淇淋、名酒、米醋、味之素、精盐等，都是由单词组成的食品科技术语。我国已制定的农产品相关的名词术语类标准涉及农产品（粮食作物、食用菌、肉及肉制品、家禽等）、农产品生产加工（包装、加工技术、水产养殖、良好农业规范等）、分析检测技术（气相色谱法等）等多个方面，如《粮食作物名词术语》（NY/T 1961—2010）、《食用菌术语》（GB/T 12728—2006）等。

农产品分类、编码标准

农产品分类是将农产品按选定的若干属性或特征，逐次地分为若干层级，每个层级又分为若干类目。同一分支的同层级类目之间构成并列关系，不同层级类目之间构成类属关系。编码是将分好类的农产品赋予代码的过程，代码由阿拉伯数字、拉丁字母或便于人或机器识别与处理的其他符号组成，农产品编码一般采用层次代码。我国已有的农产品分类标准涵盖果蔬（热带水果、温带水果、新鲜蔬菜等）、畜禽肉及其副产品（禽肉、羊肉、牛肉、猪肉等）、粮食作物（粮食信息、小麦等）以及水产品等各领域，如《温带水果分类和编码》（NY/T 2636—2014）、《新鲜蔬菜分类与代码》（SB/T 10029—2012）等。

话题 3　农产品生产加工质量安全标准

农产品加工质量安全标准体系以质量安全为核心，涉及农产品加工前、加工中、加工后的各个环节，贯穿于农产品加工的整个过程。建立农产品加工质量安全标准体系的框架是农产品加工业标准化基础性的工作。2013 年 7 月，农业部办公厅下发了《2014—2018 年农产品加工（农业行业）标准体系建设规划》，旨在通过科学规划解决农产品初加工相关标准缺失、滞后的问题；以标准化工作提升农产品初加工水平，带动产业发展；引导农产品初加工行业从粗放型经营向标准化生产转变，提高初加工产品质量，减少安全隐患。同时，按照《农产品质量安全法》和《食品安全法》的有关规定，加强农产品初加工领域以风险评估为基础的标准制定和修订工作，保证标准的科学性、适用性，使农产品加工标准真正服务于产业发展，并以此作为指导农产品加工、评定产品质量、规范产品市场、保护消费者利益的重要技术依据和技术保障。

我国制定了哪些农产品生产加工类标准

目前在 5 000 余项农业行业标准中，农产品加工标准有 579 项，占总数的 11.6%，初步构建了涵盖粮油加工、果蔬加工、畜产品加工和特色农产品加工等主要领域的农产品加工标准体系（表 2—2）。农产品加工质量安全标准涉及质量安全管理标准、产品标准、加工工艺技术标准、加工卫生环境标准、生产操作标准、加工设施与设备标准、卫生安全标准，以及包装、标识、运输、储存标准等，包含从农产品原料生产加工到销售的全过程。

表 2—2　　　　农产品加工标准体系

模块	标准子体系	典型标准示例
质量安全管理标准	质量安全管理通用标准	GB/T 19001—2008 质量管理体系　要求、GB/T 22000—2006 食品安全管理体系　食品链中各类组织的要求、GB 14881—2013 食品生产通用卫生规范
	质量安全管理专项标准	GB/T 20809—2006 肉制品生产 HACCP 应用规范、GB/T 27305—2008 食品安全管理体系　果汁和蔬菜汁类生产企业要求、GB/T 27342—2009 危害分析与关键控制点（HACCP）体系　乳制品生产企业要求

续表

模块	标准子体系	典型标准示例
工艺技术标准	工艺要求标准	GB/T 18526.3—2001 脱水蔬菜辐照杀菌工艺、GB/T 18527.2—2001 大蒜辐照抑制发芽工艺
	操作技术标准	GB/T 27988—2011 咸鱼加工技术规范、NY/T 5190—2002 无公害食品　稻米加工技术规范、GB/T 19478—2004 肉鸡屠宰操作规程
	环境、卫生条件标准	GB/T 26433—2010 粮油加工环境要求、GB 12694—1990 肉类加工厂卫生规范
包装、标识、运输、储存标准	通用的包装、标识、运输、储存标准	GB/T 17109—2008 粮食销售包装、NY/T 1056—2006 绿色食品　贮藏运输准则、NY/T 1778—2009 新鲜水果包装标识 通则
	专项的包装、标识、运输、储存标准	GB/T 15034—2009 芒果贮藏导则、NY/T 1202—2006 豆类蔬菜贮藏保鲜技术规程、SB/T 10449—2007 番茄冷藏和冷藏运输指南

产地环境类标准

农产品产地环境质量对农产品质量安全的影响具有直接性和长期性，是影响农产品安全的重要因素，是现代农业生产的重要内容，它包括农田土壤质量、农区水系质量及大气质量。目前影响我国农产品产地环境的原因主要有两个方面。一是工业“三废”和城市垃圾的不合理排放、产地自身的重金属状况等，造成耕地土壤和农用水质重金属超标，会直接导致农产品重金属超标现象。二是农业面源污染，主要是农产品种养殖过程中投入品的不合理使用，严重影响耕地土壤理化性状、地表水和地下水质，地表和地下水系污染严重，大气复合污染加重。我国已经制定和颁布了一些环境标准，包括农业环境质量标准和污染排放标准，主要有《渔业水质标准》《农田灌溉水质标准》《农药安全使用标准》《农用污泥中污染物控制标准》等。

农业投入品类标准

农业投入品是指在农产品生产过程中使用或添加的物质，包括种子、种苗、肥料、农药、兽药、饲料及饲料添加剂等农用生产资料产品和农膜、农机、农业工程设施设备等农用工程物资产品。《农产品质量安全法》第二十二条规定，县级以上人民政府农业行政主管部门应当加强对农业投入品使用的管理和指导，建立健全农业投入品的安全使用制度。到目前为止，涉及农业投入品的相关法律、行政法规主要有《中华人民共和国农业法》《中华人民共和国渔业法》《中华人民共和国畜牧法》《农药管理条例》《农业转基因生物安全管理条例》《中华人民共和国种子法》《饲料和饲料添加剂管理条例》《兽药管理条例》等。

生产技术规程

农产品生产技术规程指农产品种植、养殖、采摘、捕捞、保鲜加工等操作技术规程。种植业包括农作物种子繁育技术、种子处理技术规程、马铃薯及红薯等脱毒种苗生产技术规程、无公害蔬菜生产操作技术规范、茶叶生产操作技术规程等。养殖业包括主要家畜、家禽、水产品的养殖技术规程，动物产品危险性病虫害检疫规程和有害物质的控制规程。

储运流通类标准

农产品流通是指农产品中的商品部分通过买卖形式实现从农产品生产领域到消费领域转移的一系列活动，包括采购、初加工、分级、包装标识、储藏运输、销售等各环节。2011 年 12 月 19 日，国务院办公厅发布了国办发〔2011〕59 号文件，即《关于加强鲜活农产品流通体系建设的意见》，文件指出，要把加快农产品流通标准体系建设，推进农产品质量等级化、包装规格化、标识规范化、产品品牌化，作为建设现代农产品流通体系的重要保障措施。经不完全统计，截至 2014 年年底，我国现行有效的农产品（包括食用农产品和非食用农产品）流通国家标准和行业标准总数达到 633 项，其中国家标准 207 项、行业标准 426 项。

从农产品流通过程来看，农产品流通标准可划分为综合类标准（涵盖多个流通环节的标准）、采购类标准、初加工类标准（包括加工技术、加工环境等，主要针对畜禽类产品的屠宰、分割和果蔬类预冷、清洗、打蜡等）、分级类标准（包括分级和等级规格等）、包装标识类标准（进一步划分为包装设施环境、包装材料与容器、包装标签标识和具体的产品包装）、储藏运输类标准（包括保鲜、储藏、运输和配送）、销售类标准（包括交易方式、购销、信息化等）。例如《李贮藏技术规程》（GB/T 26901—2011）、《水果

和蔬菜　气调贮藏技术规范》（GB/T 23244—2009）、《番茄流通规范》（SB/T 10574—2010）等。

话题 4　农产品质量安全分级标准

农产品质量分级是指根据农产品的质量标准，将不同质量的农产品进行分级、归类。农产品质量是指产品的效用、意愿、价值等主观特性。质量具有双重性，一是味道、色泽、鲜嫩程度、大小、形状、湿度等性质从高级到低级构成的垂直质量差异，二是由于产生的感官品质不同而形成的水平产品差异。农产品质量分级主要是从垂直质量差异方面来考虑。

制定农产品质量分级标准有何意义

农产品质量分等分级是农业标准化的一个重要方面。农产品生产因受地域、时间、气候等因素影响，其品质很难划一，即便是同一地区、同一季节之下生产的同一品种的农产品，其成果的大小、粗细、长短、高矮、成色、肥瘦、成分含量等都会不同，如果生产技术不同，产品品质更会千差万别。因此，农产品标准中应有明确的分级方面的规定，以反映产品的不同规格、不同质量水平，这是生产者组织产品生产的基本依据，也是消费者判定产品质量、选择产品的依据。农产品分级对提高产品质量，限制劣质产品进入商业网，实行分等论价、按质论价、优质优价、劣质劣价，保护消费者利益都有重要意义。

如何进行农产品质量分级

遵循选择的要素能真实反映产品的内在质量和特性、可操作性强、指标尽量量化、体现不同产品各自特色的原则，结合国外比较成熟的分级标准，农产品质量分级要素可以从感官指标、理化指标两个方面来选择：

感官指标 主要从色、香、质地、大小规格、表面缺陷等方面衡量，人肉眼能辨别的特点都可以包含在这个要素里。例如土豆、鸡蛋就可以根据其所能通过自动分离机设备的孔径大小来分级。

理化指标 主要从农产品的硬度，脂肪、碳水化合物、蛋白质含量，pH 值等物理和化学指标进行衡量。

例如，《牛肉等级规格》（NT/T 676—2010）中规定了牛肉分级的术语和定义、技术要求、评定方法，标准适用于牛肉品质分级，不适用于小牛肉、小白牛肉、雪花肉的分级。牛肉品质等级主要由大理石纹等级和生理成熟度两个指标来评定，同时结合肌肉色和脂肪色对等级进行适当的调整，分为特级、优级、良好级和普通级。等级判定标准如图 2—2 所示。

大理石纹等级	A（12～24 个月龄）	B（24～36 个月龄）	C（36～48 个月龄）	D（48～72 个月龄）	E(72 个月龄以上)
	无或出现第一对永久门齿	出现第二对永久门齿	出现第三对永久门齿	出现第四对永久门齿	永久门齿磨损较重
5 级（丰富）	特级	特级	优级	优级	良好级
4 级（较丰富）	特级	优级	优级	良好级	良好级
3 级（中等）	优级	优级	良好级	良好级	普通级
2 级（少量）	优级	良好级	良好级	普通级	普通级
1 级（几乎没有）	优级	良好级	普通级	普通级	普通级

本图中所给出的等级为在 11～13 肋骨间评定等级，若在5～7 肋骨间评定等级时，大理石纹等级应再下降一个等级（见示例）。

示例：如果在5～7 肋骨间评定等级时，大理石纹等级为4 级，等同于在11～13 肋骨间评定等级时的 3 级，最终大理石纹等级应为 3 级。

图 2—2 牛肉胴体等级判定标准

话题 5　农产品质量安全检测标准

什么是农产品质量安全标准

农产品质量安全标准是指依照有关法律、行政法规规定制定和发布的，关于农产品质量安全的强制性技术规范，一般是指规定农产品质量要求和卫生条件，保障人的健康、安全的技术规范和要求。质量标准涉及口感、色香味、营养成分和加工特色以及包装标识等外观、内在品质等方面。安全标准包括农产品中农药、兽药等化学物质残留限量的规定，农产品中重金属等有毒有害物质允许量的规定，致病性寄生虫、微生物或者生物毒素的规定，对农药、兽药、添加剂、保鲜剂、防腐剂等化学物质的使用规定等。

根据现行《农产品质量安全法》第三十三条规定，有下列情形之一的农产品，不得销售：

- 含有国家禁止使用的农药、兽药或者其他化学物质的。
- 农药、兽药等化学物质残留或者含有的重金属等有毒有害物质不符合农产品质量安全标准的。
- 含有的致病性寄生虫、微生物或者生物毒素不符合农产品质量安全标准的。
- 使用的保鲜剂、防腐剂、添加剂等材料不符合国家有关强制性的技术规范的。
- 其他不符合农产品质量安全标准的。

农产品质量安全检测标准体系

农产品质量安全检测标准涉及农业投入品质量检测、环境污染物检测、农药和兽药残留检测、重金属检测、农产品品质检测、自然毒素检测、微生物检测等与农产品质量安全相关的主要检验检测方法，基本能满足生产和贸易的需要。农产品质量安全检测标准体系见表 2—3。

表 2—3　农产品质量安全检测标准体系组成

标准体系	典型标准示例
检验、检测基础标准	GB/T 5490—2010 粮油检验　一般规则、SB/T 10229—1994 豆制品理化检验方法、NY/T 1055—2015 绿色食品　产品检验规则
抽样、取样标准	GB/T 9695.19—2008 肉与肉制品取样方法、NY/T 896—2015 绿色食品　产品抽样准则、SC/T 3016—2004 水产品抽样方法
产品质量特性检验标准	GB/T 10362—2008 粮油检验　玉米水分测定、GB/T 14488.1—2008 植物油料含油量测定、GB/T 9695.1—2008 肉与肉制品游离脂肪含量测定
重金属检测方法标准	GB/T 20380.4—2006 淀粉及其制品　重金属含量 第 4 部分：电热原子吸收光谱法测定镉含量、NY 861—2004 粮食（含谷物、豆类、薯类）及制品中铅、铬、镉、汞、硒、砷、铜、锌等八种元素限量
卫生指标检验标准	GB/T 5009.36—2003 粮食卫生标准的分析方法、GB/T 4789.17—2003 食品卫生微生物学检验 肉与肉制品检验

续表

标准体系	典型标准示例
农药残留测定标准	GB/T 19648—2006 水果和蔬菜中 500 种农药及相关化学品残留的测定　气相色谱—质谱法、NY/T 761—2008 蔬菜和水果中有机磷、有机氯、拟除虫菊酯和氨基甲酸酯类农药多残留的测定
兽药残留测定标准	GB/T 20759—2006 畜禽肉中十六种磺胺类药物残留量的测定　液相色谱—串联质谱法、SB/T 10501—2008 畜禽肉中地西泮的测定　高效液相色谱法
感官检测标准	GB/T 10220—2012 感官分析　方法学　总论、GB/T 22210—2008 肉与肉制品感官评定规范、GB/T 5492—2008 粮油检验　粮食、油料的色泽、气味、口味鉴定

《食品安全国家标准　食品中农药最大残留限量》

《食品安全国家标准　食品中农药最大残留限量》（GB 2763—2016）于 2016 年 12 月由国家卫计委、农业部、食品药品监管总局联合发布，这一农药残留的新国标，在标准数量和覆盖率上都有了较大突破，规定了 433 种农药在 13 大类农产品中 4 140 个残留限量，较 2014 版增加了 490 项，基本涵盖了我国已批准使用的常用农药和居民日常消费的主要农产品。

新版农药残留限量标准具有三大特点：一是制定了苯线磷等 24 种禁用、限用农药 184 项农药最大残留限量，为违规使用禁限农药监管提供了判定依据。二是按照国际惯例，对不存在膳食风险的 33 种农药，豁免制定食品中最大残留限量标准，增强了我国食品中农药残留标准的科学性、实用性和系统性。三是除对标准中涉及的限量推荐了配套的检测方法外，还同步发布了106项农药残留检测方法国家标准。

《动物性食品中兽药最高残留限量》

《动物性食品中兽药最高残留限量》（农业部公告第235号）中规定了动物性食品允许使用，但不需要制定残留限量的药物88种，部分药物举例见表2—4；允许按规定使用，但制定最高残留限量的兽药94种，共554个限量；允许作治疗用，但不得在动物性食品中检出的药物9种，部分药物举例见表2—5；禁止使用并在动物性食品中不得检出的药物31种，部分药物举例见表2—6。

表2—4　部分动物性食品允许使用，但不需要制定残留限量的药物

药物名称	动物种类	其他规定
Acetylsalicylic acid 乙酰水杨酸	牛、猪、鸡	产奶牛禁用 产蛋鸡禁用
Aluminium hydroxide 氢氧化铝	所有食品动物	
Amitraz 双甲脒	牛、羊、猪	仅指肌肉中不需要限量
Amprolium 氨丙啉	家禽	仅作口服用

表 2—5　部分允许作治疗用，但不得在动物性食品中检出的药物

药物名称	标志残留物	动物种类	靶组织
氯丙嗪 Chlorpromazine	Chlorpromazine	所有食品动物	所有可食组织
地西泮（安定）Diazepam	Diazepam	所有食品动物	所有可食组织
地美硝唑 Dimetridazole	Dimetridazole	所有食品动物	所有可食组织
苯甲酸雌二醇 Estradiol Benzoate	Estradiol	所有食品动物	所有可食组织

表 2—6　部分禁止使用且在动物性食品中不得检出的药物

药物名称	禁用动物种类	靶组织
氯霉素 Chloramphenicol 及其盐、酯（包括：琥珀氯霉素 Chloramphenico Succinate）	所有食品动物	所有可食组织
克伦特罗 Clenbuterol 及其盐、酯	所有食品动物	所有可食组织
沙丁胺醇 Salbutamol 及其盐、酯	所有食品动物	所有可食组织
西马特罗 Cimaterol 及其盐、酯	所有食品动物	所有可食组织
氨苯砜 Dapsone	所有食品动物	所有可食组织
己烯雌酚 Diethylstilbestrol 及其盐、酯	所有食品动物	所有可食组织

《食品安全国家标准　食品中真菌霉素限量》

真菌毒素是指真菌在生长繁殖过程中产生的次生有毒代谢产物。《食品中真菌毒素限量》（GB 2761—2011）中规定了食品中黄曲霉毒素 B_1、黄曲霉毒素 M_1、脱氧雪腐镰刀菌烯醇、展青霉素、赭曲霉毒素 A 及玉米赤霉烯酮的限量指标。该标准中制定限量值的食品是对消费者膳食暴露量产生较大影响的食品。如黄曲霉毒素 B_1 在谷物、豆类、坚果类、油脂类、调味品及婴幼儿食品中各有限量值，而黄曲霉毒素 M_1 仅在乳及乳制品和婴儿配方食品中有限量值。表 2—7 为食品中黄曲霉毒素 M_1 的限量指标。

表 2—7　食品中黄曲霉毒素 M_1 限量指标

食品类别（名称）	限量（μg/kg）
乳及乳制品①	0.5
特殊膳食用食品	
婴儿配方食品②	0.5（以粉状产品计）
较大婴儿和幼儿配方食品②	0.5（以粉状产品计）
特殊医学用途婴儿配方食品	0.5（以粉状产品计）

①乳粉按生乳折算。
②以乳类及乳蛋白制品为主要原料的产品。

《食品安全国家标准　食品中污染物限量》

污染物是指食品在从生产（包括农作物种植、动物饲养和兽医用药）、加工、包装、储存、运输、销售直至食用等过程中产生的或由环境污染带入的、非有意加入的化学性危害物质。《食品中污染物限量》（GB 2762—2012）中规定的污染物是指除农药残留、兽药残留、生物毒素和放射性物质以外的污染物，包括铅、镉、汞、砷、锡、镍、铬、亚硝酸盐、硝酸盐、苯并芘、N-二甲基亚硝胺、多氯联苯、3-氯-1，2-丙二醇的限量指标。

茄果类蔬菜等 58 类无公害农产品检测目录

2015 年 1 月 20 日，农业部办公厅发布《关于印发茄果类蔬菜等 58 类无公害农产品检测目录的通知》（〔2015〕4 号文件），对 58 类农产品的检测项目、各项目相应限量值、执行依据及检测方法进行了规定，包括蔬菜类、水果类、粮食作物类、水产肉类、畜禽肉类等，涉及参数主要是农药残留、兽药残留及重金属等。部分无公害农产品检测目录详见表 2—8。

表 2—8 部分无公害农产品检测目录

产品类别	适用产品	序号	检测项目	限量（mg/kg）	执行依据
茄果类蔬菜	番茄类（番茄、樱桃番茄、树茄等）和其他茄果类（茄子、辣椒、甜椒、黄秋葵、酸浆等）	1	克百威（carbofuran）	0.02	GB 2763—2014
		2	氧乐果（omethoate）	0.02	GB 2763—2014
		3	氰戊菊酯（fenvalerate）	0.2（番茄、茄子、辣椒）	GB 2763—2014
		4	毒死蜱（chlorpyrifos）	0.5（番茄）	GB 2763—2014
		5	腐霉利（procymidone）	2（番茄）	GB 2763—2014
				5（辣椒、茄子）	
		6	氯氰菊酯（cypermethrin）	0.5（番茄、茄子、辣椒、秋葵）	GB 2763—2014
		7	氯氟氰菊酯（cyhalothrin）	0.2（番茄、茄子、辣椒）	GB 2763—2014
				0.3（番茄、茄子、辣椒除外）	
		8	多菌灵（carbendazim）	3（番茄）	GB 2763—2014
				2（辣椒）	
		9	烯酰吗啉（dimethomorph）	1	GB 2763—2014
		10	吡虫啉（imidacloprid）	1（番茄、茄子）	GB 2763—2014
		11	阿维菌素（abamectin）	0.02（番茄、甜椒）	GB 2763—2014
		12	苯醚甲环唑（difenoconazole）	0.5（番茄）	GB 2763—2014
		13	铅（以 Pb 计）	0.1	GB 2762—2012
		14	镉（以 Cd 计）	0.05	GB 2762—2012

续表

产品类别	适用产品	序号	检测项目	限量（mg/kg）	执行依据
禽肉及禽副产品	活禽、禽肉及副产品	1	硝基呋喃类（nitrofurans）[以3−氨基−2−噁唑烷基酮（AOZ），5−吗啉甲基−3−氨基−2−噁唑烷基酮（AMOZ），1−氨基−乙内酰脲（AHD），氨基脲（SEM）计]	不得检出（0.001）	农业部235号公告
		2	金刚烷胺（amantadine）	不得检出（0.002）①	农业部560号公告
		3	土霉素/金霉素/四环素（oxytetracycline/chlortetracycline/tetracycline）（单个或复合物，parent drug）	0.1	农业部235号公告
		4	多西环素（doxycycline）	0.1	农业部235号公告
		5	恩诺沙星（恩诺沙星＋环丙沙星）（enrofloxacin＋ciprofloxacin）	0.1	农业部235号公告
		6	氟苯尼考（florfenicol）（以氟苯尼考＋氟苯尼考胺计florfenicol+ florfenicolamine）	0.1	农业部235号公告
		7	磺胺类（sulfonamides）（以总量计，parent drug）[至少应包括磺胺二甲嘧啶（SM2）、磺胺间甲氧嘧啶（SMM）、磺胺间二甲氧嘧啶（SDM）、磺胺邻二甲氧嘧啶（sulfadoxinc）、磺胺喹噁啉（SQX）等]	0.1	农业部235号公告
		8	总砷（以As计）	0.5	GB 2762—2012
		9	铅（以Pb计）	0.2	GB 2762—2012

续表

产品类别	适用产品	序号	检测项目	限量（mg/kg）	执行依据
淡水鱼类	草鱼、青鱼、鲢、鳙、鲮、鲤、鲫、雅罗鱼、淡水白鲳、罗非鱼、红鲌、鲥、鲚、拉氏鱥、丁鱥、鲴、花䱻、厚唇鱼、马口鱼、鲂、鳊、鲈、尖吻鲈、大口黑鲈、梭鲈、条纹鲈、胭脂鱼、鲇（鲶）、鳢、塘鳢、高体革鯻、鳗鲡、太阳鱼、鮰、鲃、吻鮈、黄颡鱼、黄鳝、泥鳅、鲟、鲑、大西洋鲑、细鳞鱼、鲟（淡水养殖）、鮡、狗鱼、银鱼、遮目鱼，不适用于稻田养殖产品	1	氯霉素（chloramphenicol）	不得检出（0.0003）①	农业部235号公告
		2	孔雀石绿（malachite green）	不得检出（0.001）①	农业部235号公告
		3	硝基呋喃类（Nitrofurans）[以3–氨基–2–噁唑烷基酮（AOZ），5–吗啉甲基–3–氨基–2–噁唑烷基酮（AMOZ），1–氨基–乙内酰脲（AHD），氨基脲（SEM）计]	不得检出（0.001）①	农业部235号公告
		4	磺胺类（sulfonamides）（以总量计，parent drug）[至少应包括磺胺嘧啶（sulfadiazine）、磺胺甲基嘧啶（sulfamerazine）、磺胺二甲基嘧啶（sulfamethazine）、磺胺甲基异噁唑（sulfamethoxazole）、磺胺多辛（sulfadoxine）、磺胺异噁唑（sulfafurazole）]	0.1	农业部235号公告

①括号中为最低检出限。

第三讲 农产品质量安全检测

农产品质量安全检测是农产品质量安全管理的核心之一，是政府实施农产品质量安全管理的技术支撑和重要手段，承担着为政府提供技术保障、技术决策、技术服务和技术咨询的重要职能，在提高农产品质量安全水平方面发挥着关键和核心作用。

话题1　农产品质量安全检测体系

农产品质量安全检测体系是农产品质量安全监管工作的重要技术保障和支撑。截止到2016年，全国共有部、省、市、县四级农业质检机构3 332家。其中，农业部级检测中心264个，省级质检机构198家（其中69家机构同时拥有部级和省级两级资质），地市级质检机构534家，县级质检机构2 405家。

什么是农产品质量安全检测体系

农产品质量安全检验检测体系是按照国家法律法规规定，依据国家标准、行业标准要求，以先进的仪器设备为手段，以可靠的实验环境为保障，是对农产品生产和农产品质量安全实施科学、公正的监测、鉴定、评价的技术保障体系，是开展农产品质量安全监管的重要支撑，是保障人民群众“舌尖上的安全”的重要手段。

农产品质量安全检测机构分类

按检测领域通常分为专业性检测机构和综合性检测机构，按所有制性质可分为政府检测机构和民营检测机构。

政府检测机构　政府检测机构包括农业行业内部设置和其他政府部门授权的检测机构。现有的农产品质量安全检测机构大多依托于政府、科研和教学单位等，承担着农产品质量安全例行监测（风险监测）、监督抽查、质量普查、市场准入、仲裁检验、风险评估、标准制修订、培训、指导、服务及咨询等任务。目前，我国农业质检体系规划已投资建设了国家（部）、省、市、县四级农业质检机构 3 000 多家，形成了以部级中心为龙头、省级中心为骨干、地市级质检中心为支撑、县级质检站为基础、乡镇（生产基地、批发市场）监测点为延伸的纵向贯通，从产地环境、投入品到产品的横向衔接，利用高端仪器设备进行精准检测、常规检测与利用快速检测设备进行快速检测相结合的农产品质量安全检验检测体系。

民营检测机构　民营检测机构指资本主要来源于民间的国内外检测公司，这些公司以其自身的资本和技术为依托，近些年从工业产品领域拓展到了农产品质量安全检测领域。部分生产企业和合作组织也可设立内部检测机构，用于产品质量自控。这些检测机构有的是通过农业行政主管部门考核的检测机构，也有的是生产企业或农民专业合作经济组织认可的，但是没有通过考核的检测机构。

需要注意的是，如对社会公开出具农产品质量安全相关检测数据和结果的，检测机构须通过质量监督部门开展的资质认定和省级以上农业行政主管部门开展的农产品质量安全检测机构考核。

话题 2　农产品质量安全检测流程

农产品市场准入管理

农产品市场准入管理，是指对经有资质的认证机构或权威部门认证（认定）的安全农产品（包括无公害农产品、绿色食品、有机食品），或经检验证明其质量安全指标符合国家安全卫生、无公害或检疫等方面的法律、法规、标准及其他质量安全方面规定的农产品准予上市交易和销售。对未经认证（认定）或检测（检疫）不合格的农产品，不准上市交易和销售。

企业或个人为什么要做农产品质量安全检测

从目前发展趋势看，企业或个人生产的农产品要进入市场销售，质量安全检测将是“必需动作”。

《食用农产品市场销售质量安全监督管理办法》于 2015 年 12 月 8 日经国家食品药品监督管理总局局务会议审议通过，于 2016 年 3 月 1 日起实施。该办法明确食用农产品进入集中交易市场必须提供食用农产品产地证明或者购货凭证、合格证明文件；无法提供的，必须进行抽样检验或者快速检测；抽样检验或者快速检测合格的，方可进入市场销售。

企业或个人如何送检

步骤一：合理选择检测项目 针对农产品质量安全的检测项目很多，主要有涉及品质营养方面的常规理化检测，以及涉及安全方面的限量检测，如农药残留检测、兽药残留检测、重金属含量检测等。一般应根据生产可能存在的风险因子，并考虑检测结果使用需求，如收购商要求、市场需要、社会关注热点等，选择合适的检测项目。必要时，可向相关专家或检测机构检测人员进行技术咨询，尽可能不浪费检测经费，提高检测针对性。

步骤二：正确选择检测机构 农产品生产企业和农民专业合作经济组织及其他生产经营者不具备自检能力时，可以委托有资质的检测机构对样品进行日常检测工作，委托的机构必须具有相应的资质和检测能力。在送检农产品时，应根据送检产品的类型和目的要求，选择合适的检测机构。一般都是送专业性的机构（种植业、畜牧业、水产养殖），或者有相应资质的机构。如检测无公害农产品、绿色食品和有机食品，一般应送此类产品定点检测机构。同时，优先选择距离近、设备精良、技术水平高、行内口碑好的检测机构。送样前，最好通过电话等方式咨询检测机构的资质范围、检测费用、检测时间，以及送样要求，如样品数量、包装、运输、保存条件等。

步骤三：了解委托检测流程 委托检测流程如图 3—1 所示。

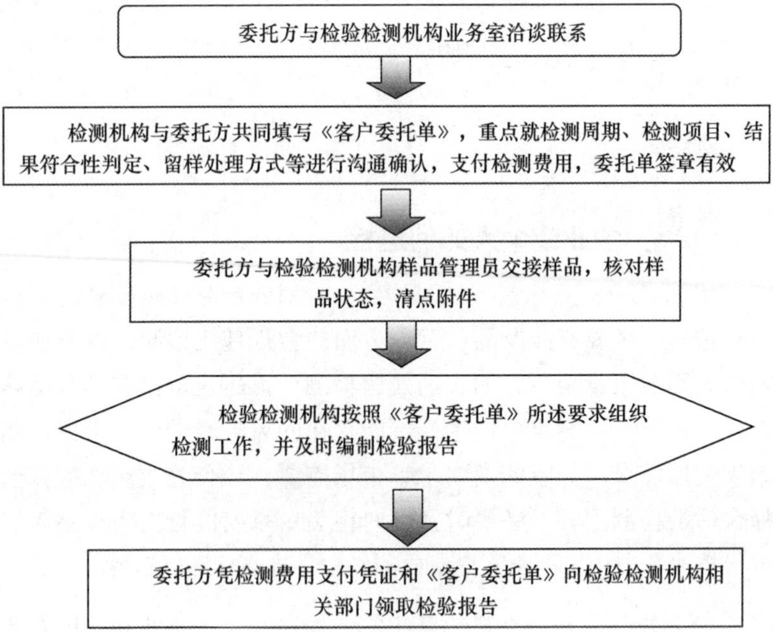

委托方与检验检测机构业务室洽谈联系

检测机构与委托方共同填写《客户委托单》，重点就检测周期、检测项目、结果符合性判定、留样处理方式等进行沟通确认，支付检测费用，委托单签章有效

委托方与检验检测机构样品管理员交接样品，核对样品状态，清点附件

检验检测机构按照《客户委托单》所述要求组织检测工作，并及时编制检验报告

委托方凭检测费用支付凭证和《客户委托单》向检验检测机构相关部门领取检验报告

图 3—1 送样检测一般流程

重要提示

企业或个人送检样品时需注意什么？

1．认真填写检测委托书，特别是申请一些认证产品检测时，注意产品名称、企业名称、检测项目等是否符合申请认证的特殊要求。同时，也要确认检测工作完成时间，不要耽误申报时限。

2．委托检测一般需要现场缴纳检测费用。如属公司、企业或合作社送样，一般通过财务转账方式支付检测费用。因此，需认真填写有关银行信息，明确开具发票的类型（税收发票或收据等）。

3．样品送检时注意在委托合同中注明样品状态、是否需要返回样品、检测方法、是否需要判定等信息。一旦涉及维权，这些信息将可能成为重要的证据。

4．记录检测机构日常联系方式，以便及时咨询沟通。领取检验报告时，应注意报告的参数项目、数据单位、单位名称、判定依据等有无错误，是否满足要求。

5．对于检测微生物指标的样品，应按要求尽快检验。若不能及时检验，应采取必要的措施保持样品原有状态，防止样品中目标微生物因客观条件的干扰而发生变化。微生物样品一般不接受复检。

企业或个人拿到报告要关注哪些细节

所委托的检测机构应具有法定资质，包括具有在有效期内的两个资质证书，一个是实验室资质认定（计量认证）证书，检验报告中有 CMA 标识，一个是农产品质量安全检测机构考核证书，检验报告中有 CATL 标识。

报告中样品名称、委托方单位基本信息（如单位名称、电话、地址）等是否准确无误。

检测数据、检验结论等信息是否有疑义，特别是涉及参照国家相关标准、企业标准等进行结果符合性判断时是否合适等。

检验报告上的标识

检验报告是农产品质量安全检测机构依据申请检验人的委托，依法开展检测工作，出具具有证明作用的数据和结果的书面证明。在农产品质量安全检测机构出具的检验报告上，应有以下两个标识，如图 3—2 所示。

资质认定标识

农产品质量安全检测机构标识

图 3—2 检验报告标识

对检测结果有异议怎么办

若委托人对检测结果有异议可提出复检，一是先查看样品，确认检测机构所保存的留样数量是否能满足检测需要。对于监督抽查的样品，备样一般会存放在企业或者检测机构或者抽样单位，且均有封条。首先需查看备样封条的完好性，如果发现封条被动过了，不管是否故意，为了公平、公正，都不能再用于复检。二是要看复检的项目。有的不合格项目是无法复检的，比如菌落总数及大肠菌群之类的项目，因为细菌是以几何倍数繁殖的，只会越来越多，无复检的必要。三是复检产生的检测费用问题。一般检测机构接受了样品复检后，都会安排其他有资质的检测人员或者采用其他有效的仪器重新检测，若是检测结果与初始检测结果基本一致，或在误差允许范围内（参考不确定度进行综合考量），则复检费用由委托人承担；若确实是检测机构的数据有误，则复检费用由检测机构承担。

《农产品质量安全法》规定：检测可“采用国务院农业行政主管部门会同有关部门认定的快速检测方法进行农产品质量安全监督抽查检测，被抽查人对检测结果有异议的，可以自收到检测结果时起四小时内申请复检。复检不得采用快速检测的方法。”

话题 3　农产品质量安全检测主要内容

我国农产品质量安全检测内容主要包括：农药、兽药、有害微量元素、食品添加剂、饲料添加剂、生物毒素、重要有机污染物、食源性致病菌等。农产品检测所涉及的样品类型主要包括：粮食、蔬菜、瓜果、食用菌、茶叶、饲料、肉类、蛋、奶、水产品、农产品制成品及特色农产品等。

目前我国禁用和限用农药有哪些

农药可以用来杀灭害虫、真菌及其他危害作物生长的生物。农药的种类繁多，目前全世界共有数千种，我国也有常用农药数百种。根据农药的用途、防治对象及化学成分等，农药可分为杀虫剂、杀菌剂、除草剂、植物生长调节剂及杀鼠剂等。农药残留不仅可造成急性中毒，而且长期摄入可致癌、致畸、致突变等。各个国家建立了严格的限量标准以控制农药的不合理使用。截止到2015年，我国禁止销售和使用的农药33种（表3—1），在蔬菜、果树、茶叶、中草药材上不得使用或限制使用的农药17种（表3—2）。

表3—1　　禁止销售和使用的农药

序号	中文名称	英文名称
1	六六六	HCH
2	滴滴涕	DDT
3	毒杀芬	toxaphene
4	二溴氯丙烷	DBCP
5	杀虫脒	chlordimeform
6	二溴乙烷	ethylene dibromide
7	除草醚	nitrofen

续表

序号	中文名称	英文名称
8	艾氏剂	aldrin
9	狄氏剂	dieldrin
10	汞制剂	mercury compounds
11	砷类	arsenic compounds
12	铅类	lead compounds
13	敌枯双	Bis-ADTA
14	氟乙酰胺	fluoroacetamide
15	甘氟	glyftor
16	毒鼠强	TETS
17	氟乙酸钠	sodiumfluoroacetate
18	毒鼠硅	silatrane
19	甲胺磷	methamidophos
20	对硫磷	parathion
21	甲基对硫磷	parathion-methyl
22	久效磷	monocrotophos
23	磷胺	phosphamidon
24	苯线磷	fenamiphos
25	地虫硫磷	fonofos
26	甲基硫环磷	posfolan-methyl
27	磷化钙	calcium phosphide
28	磷化镁	magnesium phosphide
29	磷化锌	zinc phosphide

续表

序号	中文名称	英文名称
30	硫线磷	cadusafos
31	蝇毒磷	coumaphos
32	治螟磷	sulfotep
33	特丁硫磷	terbufos

表 3—2 蔬菜、果树、茶叶、中草药材上不得使用或限制使用的农药

中文名称	英文名称	禁止使用作物
甲拌磷	thimet	禁止在蔬菜、果树、茶叶和中草药上使用
甲基异柳磷	isofenphos-methyl	
内吸磷	demeton	
克百威	carbofuran	
涕灭威	aldicarb	
灭线磷	ethopropophos	
硫环磷	posfolan-methyl	
氯唑磷	isazofos	
氧乐果	omethoate	甘蓝和柑橘树
三氯杀螨醇	dicofol	茶树
氰戊菊酯	fenvalerate	
丁酰肼	daminozide	花生
水胺硫磷	isocarbophos	柑橘树
灭多威	methomyl	柑橘树、苹果树、茶树和十字花科蔬菜

中文名称	英文名称	禁止使用作物
硫丹	endosulfan	苹果树和茶树
溴甲烷	methyl bromide	草莓和黄瓜
氟虫腈	fipronil	除卫生用、玉米等部分旱田种子包衣剂外，禁止在其他地方使用

目前我国禁用限用的兽药有哪些

兽药是指用于预防、治疗、诊断动物疾病或者有目的地调节动物生理机能的物质。动物在使用药物以后，药物会以原形或代谢产物的方式从粪、尿等排泄物进入生态环境，在土壤及表层水体中残留蓄积，对环境微生物系统造成极大破坏。另外，兽药也可在动物体内蓄积残留，长期摄入含有这些药物的动物性食品会对人的健康造成潜在威胁。截止到 2015 年，我国禁用于所有食品动物的兽药 11 类，禁止作为杀虫剂、清塘剂、抗菌剂或杀螺剂用于所有食品动物的兽药 9 类，禁止作为促生长的兽药用于所有食品动物的 3 类（表 3—3）。禁止在饲料和饮用水中使用的兽药有 5 大类（表 3—4）。

表 3—3　　禁止使用的兽药

序号	兽药类别及名称	禁止用途	禁止动物
1	兴奋剂类：克仑特罗、沙丁胺醇、西马特罗及其盐、酯及制剂	所有用途	所有食品动物

续表

序号	兽药类别及名称	禁止用途	禁止动物
2	具有雌激素样作用的物质：玉米赤霉醇、去甲雄三烯醇酮、醋酸甲孕酮及制剂	所有用途	所有食品动物
3	氯霉素及其盐、酯（包括：琥珀氯霉素）及制剂	所有用途	所有食品动物
4	氨苯砜及制剂	所有用途	所有食品动物
5	硝基呋喃类：呋喃西林和呋喃妥因及其盐、酯及制剂；呋喃唑酮、呋喃他酮、呋喃苯烯酸钠及制剂	所有用途	所有食品动物
6	硝基化合物：硝基酚钠、硝呋烯腙及制剂	所有用途	所有食品动物
7	催眠、镇静类：安眠酮及制剂	所有用途	所有食品动物
8	硝基咪唑类：替硝唑及其盐、酯及制剂	所有用途	所有食品动物
9	喹噁啉类：卡巴氧及其盐、酯及制剂	所有用途	所有食品动物
10	抗生素类：万古霉素及其盐、酯及制剂	所有用途	所有食品动物
11	性激素类：己烯雌酚及其盐、酯及制剂	所有用途	所有食品动物

续表

序号	兽药类别及名称	禁止用途	禁止动物
12	林丹、毒杀芬、呋喃丹、杀虫脒、酒石酸锑钾、锥虫胂胺、孔雀石绿、五氯酚酸钠、各种汞制剂	杀虫剂、清塘剂、杀螺剂及抗菌剂	所有食品动物
13	性激素类：甲基睾丸酮、丙酸睾酮、苯丙酸诺龙苯甲酸雌二醇及其盐酯及制剂	促生长	所有食品动物
14	催眠、镇静类：氯丙嗪、地西泮（安定）及其盐、酯及其制剂	促生长	所有食品动物
15	硝基咪唑类：甲硝唑、地美硝唑及其盐、酯及制剂	促生长	所有食品动物

表 3—4　禁止在饲料和饮水中使用的兽药

序号	类别	兽药名称
1	肾上腺素受体激动剂	盐酸克仑特罗、沙丁胺醇、硫酸沙丁胺醇、莱克多巴胺、盐酸多巴胺、西马特罗、硫酸特布他林
2	性激素	己烯雌酚、雌二醇、戊酸雌二醇、苯甲酸雌二醇、氯烯雌醚、炔诺醇、炔诺醚、醋酸氯地孕酮、左炔诺孕酮、炔诺酮、绒毛膜促性腺激素、促卵泡生长激素
3	蛋白同化激素	碘化酪蛋白、苯丙酸诺龙及苯丙酸诺龙注射液

续表

序号	类别	兽药名称
4	精神药品	氯丙嗪、盐酸异丙嗪、安定、苯巴比妥、苯巴比妥钠、巴比妥、异戊巴比妥、异戊巴比妥钠、利血平、艾司唑仑、甲丙氨脂、咪达唑仑、硝西泮、奥沙西泮、匹莫林、三唑仑、唑吡旦、其他国家管制的精神药品
5	各种抗生素滤渣	抗生素类产品在生产过程中产生的工业“三废”，因含有微量抗生素成分，在饲料和饲养过程中使用后对动物有一定的促生长作用

农产品中的重金属对人体有什么影响

重金属一般是指密度在 4.5 g/cm^3 以上的重金属元素，包括金、银、铜、汞、铬等 45 种。由于化学性状相似，砷元素也通常被归于重金属一类。重金属物质并非都有毒性，如锰、铜、锌等是生命活动必需的微量元素，只有在过量摄入时才会危害人和动物的健康。目前，国际上公认影响比较大、毒性较高的重金属有 5 种，即砷、铅、汞、镉和铬。这些有毒重金属类物质进入人体后，不易排出或者分解，达到一定浓度后，会危害人体健康。

重金属中毒会引起头痛、头晕、失眠、健忘、神经错乱、关节疼痛、结石、癌症等疾病，对消化系统和泌尿系统的细胞、脏器、皮肤、骨骼、神经的破坏尤为严重。根据环境中重金属的含量和农产品对重金属的吸收能力，我国已对农产品中铅、镉、汞、砷、铬、铝、硒及稀土制定了相应的限量标准。

食品添加剂与非法添加剂的区别有哪些

食品添加剂是为改善食品色、香、味等品质，以及为防腐和加工工艺的需要而加入食品中的人工合成或者天然物质。我国已批准使用的食品添加剂有 1 700 多种，美国有 2 500 余种，日本约 1 100 种，欧盟约 1 000~1 500 种。

判定是否属于非法添加剂可参考以下原则：

- 不属于传统上的食品原料。
- 不属于批准使用的新资源食品。
- 不属于卫生计生委公布的食药两用的或作为普通食品管理物质的。
- 未列入《食品添加剂使用标准》（GB 2760—2014）和《食品营养强化剂使用标准》（GB 14880—2012）范围内的。
- 我国法律法规允许使用的物质之外的物质。如曾经发生过的“苏丹红一号事件”“吊白块事件”“三鹿奶粉事件”等，都是由国家严禁使用的非法添加物引起的，与正常的食品添加剂并不相关。我们不应把食品添加剂与非法添加物进行混淆。

我国食品添加剂共分为 23 大类，包括酸度调节剂、抗结剂、消泡剂、抗氧化剂、漂白剂、膨松剂、着色剂、护色剂、乳化剂、酶制剂、增味剂、面粉处理剂、被膜剂、水分保持剂、营养强化剂、防腐剂、稳定和凝固剂、甜味剂、增稠剂、香料、胶姆糖基础剂、咸味剂及其他。凡是已被批准使用的，只要规范使用，其安全性就没有问题。

饲料添加剂与非法、滥用添加物的区别是什么

饲料添加剂是指在饲料生产加工、使用过程中添加的少量或微量物质，在强化基础饲料营养价值，提高动物生产性能，保证动物健康，节省饲料成本，改善畜产品品质等方面有明显的效果。饲料添加剂主要包括微量元素（铜、铁、锌、钴、锰、碘、硒、钙、磷等）、维生素（A、D、E、K、B族）、氨基酸（18种必需氨基酸）、防霉剂（丙酸、丙酸钠）、酸化剂（柠檬酸、延胡索酸、乳酸等）、风味添加剂及抗生素类。

非法添加是指添加法律法规明令禁止的物质，例如为促进动物快速生长，在饲料中添加兴奋剂（克仑特罗）、性激素、促性腺激素及催眠镇静药（安定、安眠酮等）等。滥用添加剂是指在饲料中过量添加某种物质。

生物毒素种类有哪些

生物毒素是指由各种生物（动物、植物、微生物）产生的有毒物质，广泛存在于自然环境和农产品中。不同生物毒素间的毒性和致癌性差异显著。对于毒性较大的生物毒素各国已制定严格的限量标准。食用符合限量标准的农产品不会对人体造成危害。长期频繁食用或一次大量食用生物毒素超标的农产品会造成人畜的急性或慢性中毒。不食用霉变、腐败变质的农产品，注重饮食习惯和卫生习惯，能有效避免生物毒素对人体健康造成的威胁。

因此，对生物毒素不必谈虎色变，要理性看待农产品中生物毒素的问题。生物毒素按来源可分为植物毒素、动物毒素、海洋毒素和微生物毒素，见表 3—5。

表 3—5　　常见的生物毒素

序号	来源	寄生品种	毒素名称
1	真菌	粮食、饲料、水果等	黄曲霉毒素 B_1/B_2/G_1/G_2、呕吐毒素（DON）、玉米赤霉烯酮（ZEN）、伏马毒素 B_1/B_2、赭曲霉毒素 A（OTA）、展青霉素（PAT）、T−2 毒素及隐蔽型毒素
2	藻类	湖泊等水源中	微囊藻毒素、节球藻毒素、柱孢藻毒素、鱼腥藻毒素、石房蛤毒素、新石房蛤毒素、膝沟藻毒素
3	贝类等蓄积产生	水产品中	麻痹性贝类毒素（PSP）、腹泻性贝类毒素（DSP）、神经性贝类毒素（NSP）和健忘性贝类毒素（ASP）
4	植物	植物	蓖麻毒素、相思子毒素、蒴莲根毒素、乌头碱及某些蔬菜中天然毒素
5	动物	动物	蛇毒、蜂毒、蝎毒、蜘蛛毒、蜈蚣毒、蚁毒、河豚毒、章鱼毒、沙蚕毒及由海洋动物产生的海兔毒素等

持久性有机污染物的种类与危害

有机污染物是指可造成人中毒或引起环境污染的有机物质，主要包括二噁英、多氯联苯（PCBs）、多环芳烃（PAHs）、有机氯农药及酚类化合物、含氮有机物、含磷有机物等。该类污染物极难被生物分解，在短期内不表现出毒性效应，但却可以在水生生物、农作物和其他生物体中迁移、转化和富集，并具有三致（致癌、致畸、致突变）效应。

PCBs是联苯上的氢被氯取代后生成物的总称。该类污染物在环境中不易分解，易溶于有机溶剂和脂肪，易聚集于脂肪组织、肝和脑中，引起皮肤和肝脏损坏。PCBs污染已成为环境污染最具代表性的物质之一。近二十年来，各国都非常重视多氯联苯的生产和使用，对其环境残留要求严格控制。PAHs主要由石油、燃气等不完全燃烧排入大气后经沉降等进入地面。许多多环芳烃具有致癌的作用，是公认的有毒有机污染物。

食源性致病菌的种类与危害

食源性致病菌是指通过摄食而进入人体的有毒有害生物性病原体。食源性致病菌是影响食品安全的主要因素之一。常见致病菌见表3—6。

表3—6　　常见的食源性致病微生物

序号	来源	寄生品种	毒素名称
1	细菌	畜产品、水产品、生蔬菜、生乳及腌制食品	致病性大肠杆菌、肉毒梭状芽孢杆菌、布鲁氏菌、空肠弯曲菌、沙门氏菌、志贺氏菌、蜡样芽胞杆菌、金黄色葡萄杆菌、李斯特菌、霍乱弧菌、荚膜梭菌、耶尔森氏菌、假单孢菌等

续表

序号	来源	寄生品种	毒素名称
2	真菌	谷物、粮油制品和水果	曲霉、青霉、镰刀菌
3	病毒	畜禽产品	甲型肝炎病毒、诺沃克病毒、疯牛病、口蹄疫
4	寄生虫	生乳、生蔬菜、凉菜、水果、畜禽产品	旋毛虫、绦虫、孢子虫

- 未烧熟的牛肉、果汁及生牛奶等可能含大肠杆菌。感染这种细菌可能会导致严重腹泻、腹痛、呕吐，持续时间可达5~10天。预防方法：肉食一定要烧透，水果蔬菜在食用或烹饪之前一定要清洗干净，避免喝未经高温消毒的牛奶。

- 生海鲜中通常存在副溶血弧菌。吃生海鲜或未煮透的贝类海鲜，24 h左右可能会出现腹泻、胃痉挛、恶心、呕吐、发烧、发冷等症状。预防方法：不能生吃海鲜，彻底煮透后才可放心食用。

- 李斯特杆菌在冰箱的低温下仍可生长。感染症状包括：发烧、打冷颤、头痛、胃部不适、呕吐等。预防方法：冰箱残留污渍应及时清除，特别是生肉、热狗和午餐肉等产生的血水和污渍等。未开封的午餐肉放置冰箱的时间不要超过两周，熟食店购买的肉食放置冰箱中不要超过5天，食物最好热食。

话题4　农产品质量安全检测方法

农产品质量安全检测常用方法主要包括快速检测法和实验室

确证法两大类。常用快速检测法一般有酶抑制速测法、免疫速测法、化学速测法、化学比色检测技术、生物传感器法、分子生物学技术及生物芯片技术等。常用实验室确证法主要有原子吸收光谱法、原子荧光光谱法、液相色谱法、气相色谱法、液相色谱串联质谱法、气相色谱串联质谱法等。

什么是快速检测方法

快速检测是指从样品前处理开始到给出检测结果能够在短时间内完成的检测方法，包括在样品制备、试验准备、操作过程和自动化上加以简化的方法。目前国际上对“短时间”的共识主要有 3 个方面：一是对理化指标的检测分析在 2 h 内完成；二是应用于现场检测的能够在 30 min 内完成；三是与传统方法相比，能够缩短 1/2 或 1/3 的时间。农产品快速检测主要呈现 4 大趋势：①检测能力不断提高，检测灵敏度越来越高。②检测速度不断加快，检测周期越来越短。③特异性不断提高，可在复杂混合体中直接进行污染物选择性测定。④检测仪器向小型化、便携化发展。常用快速检测方法有酶抑制法、免疫速测法、生物传感器法等。

农药残留快速检测方法有哪些

农药残留快速检测方法主要包括以下几种：

酶抑制法　该法是研究比较成熟、应用最广泛快速的农残检测技术。它是根据有机磷和氨基甲酸酯类农药对乙酰胆碱酯酶的特异性生化反应建立起来的农药残留微量和痕量快速检测技术。

●酶联免疫技术　该法是一种以酶作为标记物的免疫分析方法，是目前引用最为广泛的免疫分析方法之一。它的原理是预先结合在固相载体上的抗体或抗原分子与样品中的抗原或抗体在一定条件下发生免疫学反应，呈现出特定颜色，通过仪器或肉眼进行辨别。

●发光菌检测法　农药与细菌作用后可影响细菌的发光程度，通过细菌发光情况，可测出农药残留量。

●敏感家蝇检测法　家蝇对杀虫剂具有敏感性，记录家蝇存活情况可知农药残留情况。

●化学比色法　该法包括各种检测试剂和试纸，两者都是利用迅速产生明显颜色的化学反应检测待测农药，通过与标准比色卡比较进行定性或半定量分析。

什么是实验室确证法

实验室确证法是指利用大型分析仪器设备对目标物进行定性定量分析的方法，一般包括样品前处理和仪器分析。该方法具有如下优点：

●灵敏度高　检出限量可降低，适合于微量、痕量和超痕量成分的测定。

●选择性好　很多的仪器分析方法可以通过选择或调整测定的条件，同时测定共存的组分，相互间不产生干扰。

●操作简便　分析速度快，容易实现自动化。

目前，我国已开发的实验室确证法主要有原子吸收光谱法、液相色谱法、气相色谱法等。

农业投入品和农产品质量安全管理相关概念的含义

禁止生产、禁止使用、不得检出、检出限、一律标准等概念主要针对农业投入品管理和农产品质量安全管理。农业投入品是指在农业生产过程中使用或添加的物质，包括农药、肥料、种子、兽药、饲料、饲料添加剂及其他用于农产品生产、加工的物质。

- 禁止生产是指在本国（或本地区）不允许再生产该产品。
- 禁止使用是指在本国（或本地区）全部或特定种类农产品生产中不允许使用该产品，或不允许用于特定的用途。
- 检出限是指由特定的分析步骤能够合理地检测出的最小分析信号求得的最低浓度（或质量），以浓度（或质量）表示。
- 不得检出是指不能被检出有某种危害物的存在，但这与仪器的检出限有关，这些物质一旦被检出，即视为超标。
- 一律标准是指对于没有具体规定的化学物质在食品（和饲料）中的限量，统一采用一个事先设定的默认标准。

第四讲 粮食生产加工与运输安全

话题1 粮食生产及加工

我国主要粮食种类有哪些

粮食作物也称为禾谷类作物，我国粮食种类丰富，约有170多属，共600多种。我国主要粮食作物有稻米、小麦、玉米、大豆、马铃薯等。

稻米 稻谷属于禾本科、稻属的一年生草本植物。我国是世界上最大的稻谷生产国和消费国，每年的稻谷产量约占世界产量的1/3，占我国粮食产量的2/5。稻谷的品种繁多，按照国家标准《稻谷》（GB 1350—2009）规定，稻谷按照粒型和粒质不同可分为籼稻谷、粳稻谷和糯稻谷三类。籼稻按照粒质和收获季节又分为早籼稻谷和晚籼稻谷，粳稻同样可分为早粳稻谷和晚粳稻谷两种，糯稻谷按照粒形和粒质分为籼糯稻谷和粳糯稻谷两类。另外，某些具有特定遗传性状和特殊用途的稻谷被称作特种稻，包括色稻谷、香稻谷和专用稻谷三类，其品种数量不足稻谷种类资源的1%。

小知识

色稻谷加工的稻米有多种颜色，如我们常见的黑米、紫米、红米；香稻加工成的大米含有香味，如泰国香米；专用稻是指专门用于食品工业加工用的稻谷，如酒米。

小麦 小麦属于禾本科、小麦属，原产地为西亚和中亚。小麦属内的分类，按照形态特征分为普通小麦、密穗小麦、圆锥小麦、硬粒小麦、云南小麦、波兰小麦6种。我国栽培小麦的历史悠久，小麦品种资源极为丰富，全国有7 000多个品种，其中普通小麦占90%以上，分布于全国各地。

玉米 玉米又名玉蜀黍、包谷、苞米、玉茭等，属于禾本科、玉米属，是世界上广泛栽培的农作物。玉米是世界三大主要粮食作物之一，也是饲养业和加工业的重要原料。玉米种植面积和产量仅次于小麦和水稻而位居世界第三位，在我国仅次于水稻，总产和单产均居粮食作物之首。根据玉米籽粒的形态、胚乳的结构以及颖壳的有无，可将玉米籽粒分为9种类型，即硬粒型（也称燧石型）、马齿型（也称马牙型）、半马齿型（也称中间型）、粉质型（也称软质型）、甜质型（也称甜玉米）、甜粉型、蜡质型（又名糯质型）、爆裂型、有稃型。

大豆 大豆为豆科，属一年生草本植物，原产我国。大豆是有豆荚类谷物的总称，其种子含有丰富的蛋白质。俗称中的大豆，一般都指其种子。我国栽培的大豆品种多，按其播种季节的不同，可分为春大豆、夏大豆、秋大豆和冬大豆四类，但春大豆占多数。按大豆的用途可分为食用大豆和饲用大豆两类，食用大豆又分为油用大豆、副食和粮食用大豆、蔬菜用大豆及罐头用大豆四类。按大豆的颜色可分为黄、棕、绿、黑、花色等种类。粮油部门为了经营管理上的方便，在编排商品的目录和统计工作中根据颜色将大豆分为黄豆、青豆和黑豆三种，棕、褐色大豆等划归黑豆之类。

黑色的大豆叫作乌豆，可以入药，也可以充饥，还可以做成豆豉；黄色的大豆可以做成豆腐，也可以榨油或做成豆瓣酱；其他颜色的大豆都可以炒熟食用。

马铃薯 马铃薯又称土豆、地蛋、洋山芋等，属于茄科多年生草本植物，块茎可供食用。马铃薯为长圆形，直径约3~10 cm，薯皮的颜色为白、黄、粉红、红、紫色和黑色，薯肉为白、淡黄、黄色、黑色、青色、紫色及黑紫色。马铃薯是全球第四大重要的粮食作物，仅次于稻谷、小麦和玉米。2015年，我国启动马铃薯主食化战略，推进把马铃薯加工成馒头、面条、米粉等主食，使其逐渐成为稻米、小麦、玉米外的第四大主食。

我国市场上流通的主要粮食产品

目前我国市场上流通的粮食产品主要以本话题中介绍的五种粮食类型为原料，即：

主要粮食产品类型
- 大米制品
- 小麦制品
- 玉米制品
- 大豆制品
- 马铃薯制品

大米加工 主要大米制品分为大米初加工制品和精深加工制品两类。

大米制品
- 初加工：米糕、粽子、米粉、米线等小吃制品等
- 精深加工
  - 大米食疗产品：大米药膳、药粥
  - 大米方便制品：方便米饭、断乳米食品、八宝粥
  - 其他大米制品：米糖、米香肠、米酒系列产品等

小麦加工 传统的小麦加工是将其制粉。制粉过程中产生的面粉、麸皮、麦胚芽等产品被广泛用于食品、饲料、医药等方面，近年来小麦也被直接加工成早餐食品和方便小食品。

玉米加工 随着近年来玉米加工工业的蓬勃兴起，玉米相关食品种类的开发不断增加，玉米相关食品逐渐成为一种热门的新兴食品，其品种多、式样新、味道好，深受群众欢迎。国外利用玉米生产的食品很多，如玉米膨化食品、玉米片、玉米方便食品、速食玉米、玉米馅糕点等。我国以玉米为原料的综合加工品有：玉米淀粉、玉米油、玉米酒精等。

大豆加工 大豆的食用价值高，我国豆类食品加工的历史源远流长。早在先秦时代，人们就知道把大豆煮熟发酵制成豆豉，到了西汉发明了豆腐，以后又出现了大豆制酱、制酱油等。目前，大豆可以加工成各类食品，如豆腐、豆芽、豆腐脑、豆浆、豆奶、豆油、腐竹等；加工豆油后的豆饼还可以再加工成人造奶油和磷脂，再用磷脂制作出巧克力糖果；豆饼还可以生产酱油，在不增加设备且不改变工艺的情况下，只需引进新菌种，即可生产特级酱油。

马铃薯加工 马铃薯传入我国已400多年，历史上仅作为粮菜兼用的食品和饲料。马铃薯现代化加工虽然起步晚，但发展速度非常快。目前，马铃薯淀粉、全粉、系列变性淀粉等工业产品，已形成仅次于欧盟的产业优势，为食品、制药、化工、发酵等提供优质、环保原辅料。薯条、薯片、保鲜制品以及以淀粉、全粉为原料生产的各种方便食品、膨化食品、休闲食品也方兴未艾，为提高和丰富人们生活发挥着重要的作用。

我国主要粮食产品的加工工艺

1. 稻谷加工工艺过程

稻谷加工是指把稻谷加工成成品大米的整个生产过程，它是根据稻谷加工的特点和要求，按照一定的加工顺序组合而成的生产作业线，主要由稻谷清理、砻谷及砻下物分离、碾米及成品整理三个工段组成，其工艺流程如图 4—1 所示。

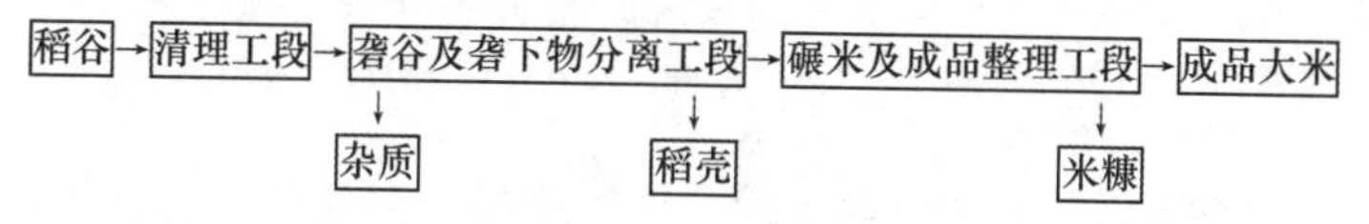

图 4—1 稻谷加工工艺流程

工段是指工厂的一个车间内按生产过程划分的基本生产阶段，每个工段包括若干工序。

清理工段 该工段的主要任务是以最经济合理的工艺流程，清除稻谷中的各种杂质，以达到砻谷前净谷质量的指标要求。清理工段一般包括初清、除稗、去石、磁选等工序。混入稻谷的各种杂质中，以粒形、大小与稻谷相似的“并肩石”“并肩泥”最难清除。

初清的目的是清除稻谷中易于清理的大、小、轻杂质，除稗的目的是清除稻谷中含有的稗籽，去石的目的是清除稻谷中所含的“并肩石”，磁选的目的是清除稻谷中的磁性金属杂质。

清理稻谷的方法有很多，主要有风选、筛选和磁选等。在生产实践中，“风筛结合，以筛为主”的方法是稻谷清理的有效方法。

砻谷及砻下物分离工段　该工段的主要任务是脱壳，获得纯净的糙米，并使分离出的稻壳中尽量不含有完整米粒。在稻谷的加工过程中，去掉稻谷颖壳（俗称脱壳）的工序称为砻谷，砻谷后的产品称为砻下物。一般米厂都是将经过清理去杂后的稻谷，先脱去颖壳，制成纯净的糙米，然后再进行碾米。

碾米及成品整理工段　该工段的主要任务是碾去糙米表面的部分或全部皮层，制成符合规定质量标准的成品米。碾米是稻谷加工最主要的一道工序，碾米工艺效果的好坏，直接影响米厂的经济效益。

2. 小麦制粉工艺过程

小麦制粉工艺主要由小麦清理、水分调节和制粉三大工段组成，其工艺流程如图 4—2 所示。

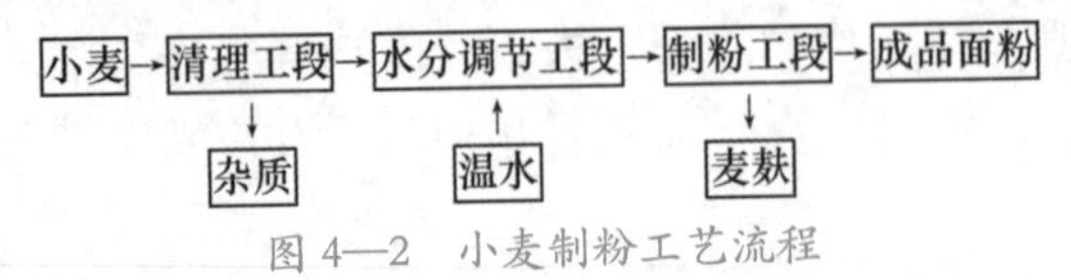

图 4—2　小麦制粉工艺流程

清理工段 小麦中杂质的种类繁多，其清理的方法也较多。

小麦清理方法：
- 风选法：利用小麦与杂质空气动力学特性的不同而除杂
- 筛选法：利用小麦与杂质粒度大小的不同而除杂
- 碾削法：利用旋转的粗糙表面清理表面灰尘或碾刮小麦麦皮而除杂
- 精选法：利用小麦与杂质的几何形状和长度不同而除杂
- 撞击法：采用小麦与杂质强度的不同而除杂
- 磁选法：利用小麦和杂质铁磁性的不同而除杂

水分调节工段 水分调节是在小麦制粉前利用水、热和时间的作用，改善小麦工艺性质，同时得到良好的制粉条件，是保证面粉质量的必要工序。小麦水分调节的方法可分为室温水分调节法和高温水分调节法两种。室温水分调节法是指小麦经过温水着水或洗麦后，进入润麦仓，以一定的时间润麦，使水分渗透到麦粒的各部分中，达到磨粉的条件。高温水分调节法则是将小麦水洗后，先经热水器进行加热处理，使水分渗透到小麦中，再对小麦进行着水和滴麦。国内广泛采用的是室温水分调节法。

制粉工段 制粉是小麦加工中提高出粉率和面粉质量的重要工序，主要包括小麦研磨、筛理和刷麸环节。

研磨是剥开麦粒，将胚乳磨细成粉并将联结在表皮上的粉粒刮干净；筛理是将每经过一道研磨后的物料进行一次筛理；刷麸是将黏附在麸皮上的胚乳刷下来。

在制粉的过程中，最关键的是研磨系统，它由皮磨系统、渣磨系统和心磨系统组成。

皮磨是把麦渣磨成麦心和面粉，分离出带面粉较少的薄麸片；渣磨是研磨皮磨和渣磨系统没有磨细成粉的胚乳颗粒（麦心）；心磨是剥开麦粒，提出麦心和面粉，并刮净麸皮。

通过磨、筛、刷等工序，将经过清理工序得到的净麦磨制成面粉的整个生产过程称为粉路。

3. 玉米联产加工工艺过程

玉米联产加工是根据专用玉米的品质特性，将同一种玉米原料同时加工成玉米糁、玉米面、玉米胚等产品，可提高产品的出品率，增加产品加工品种及提高玉米的利用率等。该工艺属于玉米干法加工技术，主要由清理、去皮、脱胚、磨粉等生产工序组成，其工艺流程如图 4—3 所示。

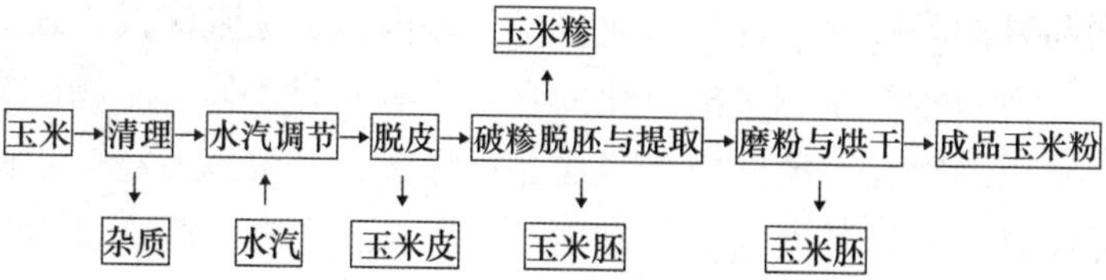

玉米→清理→水汽调节→脱皮→破糁脱胚与提取→磨粉与烘干→成品玉米粉

清理↓杂质；水汽↑水汽调节；脱皮↓玉米皮；破糁脱胚与提取↑玉米糁，↓玉米胚；磨粉与烘干↓玉米胚

图 4—3 玉米联产加工工艺流程

清理工序 该工序即清理杂质以保证生产过程的正常进行，并保证产品的纯度。玉米的清理工序与稻谷、小麦清理有许多相同之处，主要是清理混合在玉米中的粉尘、砖瓦块、土块、石子、金属及其他杂质，主要方法有风选法、筛选法、磁选法等。

水汽调节工序 其目的是为了有利于玉米脱皮，减少玉米胚在脱皮过程中的破碎率。水分调节包括润水和润汽。

脱皮工序 玉米脱皮分为干法脱皮和湿法脱皮两种，其中经水汽调节预处理后再脱皮称为湿法脱皮，不经水汽调节的称为干法脱皮。

破糁脱胚与提取 将脱皮后的玉米破碎成大、中、小玉米糁，同时使玉米胚脱落。

磨粉与烘干 在磨粉前提取了大糁、中糁和部分胚以后，其余的物料需进一步提胚和磨粉，提胚和磨粉要联合进行。玉米面粉可粗可细，要根据其使用要求和细度等选配设备，一般采用 4~5 级皮磨。

4. 马铃薯全粉加工

马铃薯全粉的生产工艺为：原料→清洗→去皮（修整）→切片（切丝）→蒸煮→打浆成泥→干燥→粉碎→检验→包装。

原料选择 原料品种的选择对制成品的质量有直接影响。不同品种的马铃薯，其干物质含量、薯肉色、芽眼深浅、还原糖含量，龙葵素含量和多酚氧化酶含量都有明显差异。干物质含量高，则出粉率高；薯肉白者，成品色泽浅；芽眼越深越多，则出粉率越低；还原糖含量高，则成品色泽深；龙葵素的含量多则去毒难度大，工艺复杂；多酚氧化酶含量高，半成品褐变严重，导致成品颜色深。

原料清洗 清洗的目的是要去除马铃薯表面的泥土和杂质。在生产实践中，可通过流送槽将马铃薯输送到清洗机中，流送槽一方面起输送作用，另一方面可对马铃薯浸泡粗洗。清洗机可选用鼓风式清洗机，靠空气搅拌和滚筒的摩擦作用，伴随高压水的喷洗把马铃薯清洗干净。

去皮 适合于马铃薯的工业去皮方法有摩擦去皮、蒸汽去皮及碱液去皮。

擦皮机适用于摩擦去皮，该设备坚固，使用方便，成本低，但对原料的形状有一定的要求，马铃薯要呈圆形或椭圆形，芽眼少而浅，大小均匀，去皮后的得率大约为90%。对于蒸汽去皮法，可选用5~6个大气压，时间为20 s，使马铃薯表面生出水泡，然后用流水冲洗外皮。蒸汽去皮对原料的形状没有要求，蒸汽可均匀作用于整个马铃薯表面，大约能除去5 mm厚的皮层。对于碱液去皮，试验研究发现，选用碱液浓度8%，温度为95℃，时间为5 min，配以酸中和（酸浓度为1.5%）效果最好，去皮后的得率大约为87%，去皮厚度大约是5 mm。碱液去皮对形状没有要求。另外，去皮过程中要注意防止多酚氧化酶的酶促褐变。可采取的措施有：添加褐变抑制剂，比如亚硫酸盐，或用清水冲洗等。

修整 修整的目的就是除去残留外皮、芽眼等。因为芽眼处龙葵素和酚类物质含量较高，所以应尽可能去除干净。

切片　切片的目的在于提高蒸煮的效率，或者说降低蒸煮的强度。可选用切片切丝机，切片厚度为 8~10 mm。切片过薄，会使成品风味受到损害，干物质损耗也会增加。另外，要注意控制切片切丝过程中的酶促褐变。

蒸煮　蒸煮的目的就是使马铃薯熟化。工业上连续生产可选用带式蒸煮机或者螺旋蒸煮器。采用带式蒸煮机的工艺参数是温度为 98~102 ℃，时间为 15 min。采用螺旋蒸煮器以 98~100 ℃的温度蒸煮为 15~35 min 为宜。

打浆成泥　打浆成泥是制粉的主要工序，设备选用是否合适直接影响成品的游离淀粉率，进而影响成品的风味和口感。马铃薯块茎内的淀粉是以淀粉颗粒的形式存在于马铃薯果肉中。在加工过程中，部分薄壁细胞被破坏，其所包容的淀粉即游离出来。游离出来的淀粉量与总淀粉量的比值叫作游离淀粉率。在马铃薯淀粉的生产过程中，要尽可能使游离淀粉率高（80%~90%），以获得最高的淀粉得率。此时可选用锤式粉碎机或者打浆机，依靠筛板挤压成泥，这两种方法得到的成品游离淀粉率都高（>12%），且淀粉颗粒组织破坏严重。而在马铃薯全粉的生产过程中，要尽可能使游离淀粉率低（1.5%~2%），以保持产品原有的风味和口感。此时选用搅拌机效果好一些，但要注意搅拌浆叶的结构与造型以及转速。打浆后的马铃薯泥应吹冷风，使之降温至 60~80 ℃。

干燥　干燥是马铃薯全粉生产过程中的关键工艺之一。干燥过程中要注意减少对物料的热损伤，并注意防止淀粉游离。荷兰 GMFGonda 公司制造的转筒式干燥机，对马铃薯的干燥效果很好；美国采用隧道式干燥装置，温度为 300℃，长度为 6~8 m；而德国选用的是滚筒式干燥设备。

● 粉碎　粉碎同样也是马铃薯全粉生产过程中的关键工艺。试验研究发现，锤式粉碎机粉碎效果不太好，产品的游离淀粉率高。国外生产选用粉碎筛选机，效果不错。针对国内设备情况，可选用振筛，依靠筛板的振动使物料破碎，同时起到筛粉的作用，比用锤式粉碎机效果好。

话题 2　粮食储藏

农村安全储粮对设备的基本要求

● 坚固耐用　建好仓壁是保证粮仓坚固耐用的关键，在修建时要考虑其厚度，因为仓壁必须能承受粮堆的侧压力。农户可根据当地实际情况选料建仓。无论选何种材料，在材料间的接头处一定要用石灰或水泥封严。若粮仓不大，只需在仓壁底部留一出粮口，用于取粮；若粮仓很大，要安装门窗，以便进、出粮和通风等。另外，粮仓地面、门、窗要坚固、齐全，防止老鼠、鸟类进入取食。

● 有一定的隔热性能　隔热性能良好能减少高温季节时气温对粮食温度的影响，从而使粮食保持相对较低的温度，有利于粮食的安全储藏。修石墙、双层墙或把粮仓建于室内背阳一侧，都有利于提高粮仓的隔热性能。

● 防潮性能好　粮食籽粒易从潮湿的空气或与其相接触的潮湿物体中吸收水分，因此粮仓应建在地下水位低、地基干燥、土质坚硬均匀、通风良好和四周排水方便的地方。有条件的农户，可用油毛毡等防潮材料修成防潮地坪，或在仓底下面用石条或砖头等砌筑通风道。

● **通风密闭效果好** 通风有利于排出粮堆中湿热的空气。特别是在冬季，采用干冷的空气通入粮堆，有利于粮食低温储存，提高储粮品质。良好的密闭性能防止外界的害虫、老鼠进入粮堆，同时能防止粮食吸收外界的水分。

● **容量适中、使用方便** 由于农村储粮一般分散到各农户家中，储量一般不大，且会经常取用（食用或作饲料），所以储粮设备的容量一般不需要很大，进、出粮一定要方便。

农村常用的储粮仓

农村储粮仓设备是安全储粮、减少储粮损失最基本的物质条件。由于农村储粮面对的是千差万别的农户，涉及面广，储粮生态环境极不平衡，储粮设备性能也各不相同。常见的农村储粮装具有以下几种：

1. 梯下仓

这种仓一般是建了楼房的农户在其楼梯下设仓，有的在仓底刷一层防潮沥青，有的用油毡、薄膜等铺垫防潮，如图 4—4 所示。这类仓气密性能好，但如果粮仓靠山墙会有轻微雨湿返潮现象。梯下仓的特点是造价不高，使用寿命长，密封良好，坚固可靠，能防鼠、防潮、防火、防虫。

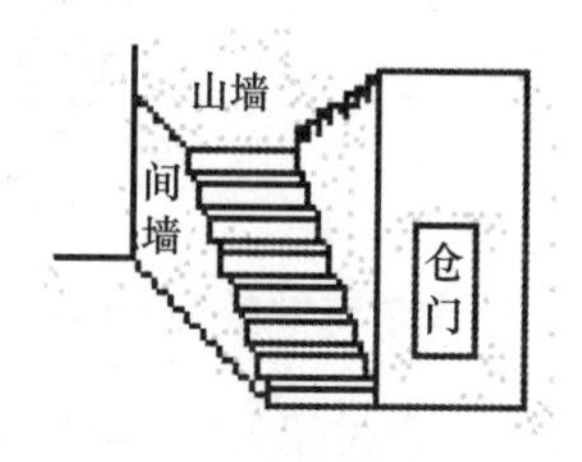

图 4—4 梯下仓示意图

2. 土方仓

这类仓一般是农户在平房所建，大部分是在偏房中靠一间墙和一侧墙用土砖所砌的仓，一般只在仓内表面进行粉刷，仓外露出红砖。少数农户在底层和仓墙 30 cm 高用沥青防潮，大多数用油毡、塑料等防潮。多数仓靠侧墙的一面有返潮现象。

3. 梯上仓

梯上仓利用农户楼房的楼梯间，在楼梯的最上层修建储粮仓，如图 4—5 所示。这种仓的防潮性能较好，粮仓底部为楼板，楼板下部为楼梯走道，故粮仓底部不易变潮，但气密性较差，容量大且始终装不满。

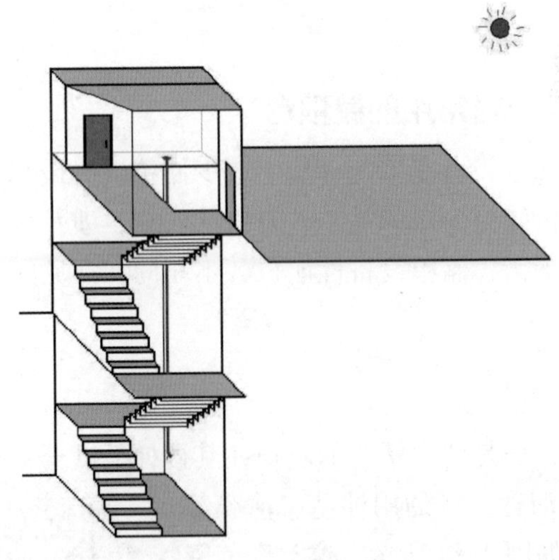

图 4—5　梯上仓示意图

4. 其他的储粮储具

农村较为常见的储粮储具还有以下几种：

● **砖格仓和铁皮仓**　这类仓的气密性、防鼠性能、防潮性能以及防火性能都较好，其中砖格仓的应用范围较广，铁皮仓则不是很多。

● **木格仓、木桶仓**　这类仓的应用范围较广，但除木格仓的防潮性能较好以外，两者的气密性、防鼠性能、防火性能都较差。

● **复合板小圆仓**　该仓是由复合板材料制作而成，取材方便，除防潮性能较好以外，其气密性、防鼠性能、防火性能都较差。

5. 新型农户储粮装具

改善储粮装具，应做到以防为主。近年来，我国各地因地制宜，就地取材，研究设计了几种比较理想的农村储粮装具，主要有以下几种：

● **格子仓**　该仓结构简单，建造方便，可分装多品种粮食，尤其适用于农户储粮。材料可用土、砖、铁、塑料板等，容量可大可小，形状也可多种多样，可在室内建造，造价低廉。一般采用沥青或塑料薄膜做防潮层。

● **玻璃钢粮柜及储粮囤**　用玻璃钢制成的储粮柜、囤，密封性好，能防火、防鼠，目前该类仓在江苏农村推广应用较为普遍。

● **塑铁组合储粮柜**　塑铁组合储粮柜由聚丙烯编制片与镀锌薄板组合而成，该柜具有“六防”性能（防火、防汛、防结露、防鼠防虫、防风、防坍塌），不仅适合国库露天储粮，而且适用于农村储粮，目前已在江苏、东北等地推广应用。

● **土圆仓**　该类仓适用于我国北方农村，土圆仓建造技术要求较低，可就地取材，造价低廉，农民完全可以根据需要自建自用。该类仓储粮可从几万千克到十万千克，适合种粮专业户或以村为单位的集体储粮。

砖圆仓和石圆仓 砖圆仓和石圆仓以砖和石料作为主要建筑材料，砖圆仓建造取材容易，造价低廉，与房式仓相比，具有占地面积小、容量大、密封性好、便于熏蒸杀虫等优点。储粮数量可在几万千克到几十万千克，适用于农村集体储粮和种粮专业户储粮。

PVC气密储粮囤和塑胶囤 这是一种新型储粮装具。PVC（聚氧氯乙烯）气密储粮囤具有使用方便、气密性好的特点，防潮、防虫、防鼠性能较好，可以方便有效地实施储粮技术。仓体配备专用的进、出粮口，可以方便地装仓和出仓，并保证气密性，空仓易于收藏和保管，比较符合农户的实际储粮需要。

地下仓 农户的地下仓分室内和室外两种。地下储粮是一种较理想的储藏方式，具有粮食品质稳定、防虫、防鼠的特点，且建仓的成本低，不占空间，农户易于接受。对于储量较小的地下农户粮仓，可采用包装储藏，出入仓较方便。室外地下仓可增加仓体防潮层，加高仓口的高度，再配合塑料薄膜内衬，以保证仓内的干燥和仓体周围的排水。

几种简易粮仓的修建方法

小型粮仓 农户可根据自己的需要确定粮仓的布局和容量。每个仓容约1.5 m^3，可储存玉米1 250 kg。在粮仓靠墙的一面，加一块适当的木板、水泥板或石板，还可以摆放粮袋、面袋、小农具等。具体做法是：

先在原地面铺夯二八分灰土，在灰土上铺满一层碎砖、灰渣或小石块，喷水后，用1∶5粗水泥砂浆灌缝刮平，再用1∶25水泥砂浆罩面，擀光、压平、浇水养护10多天，仓底建成。在仓底上，用立砖码砌墙壁（靠墙可不砌墙），在基部可留12 cm×12 cm或15 cm×15 cm的出粮口，出粮口应设置木板或铁皮作插板，内外表面用砂浆涂抹，里角做成弧形，以防裂缝。粮仓用料为每仓水泥1袋，砖120块。必须有盖，仓盖用木板、水泥板或石板均可。

石料来源方便的地方，仓底、仓壁等均可用石料修建。仓壁用石板厚5 cm，仓底用石板厚10 cm，像砌筑石水缸那样，十分方便，又很经济。石料不方便的地方，可用砖或土坯修砌，也很便宜。

储粮池 储粮池与粮仓的不同之处，在于它是向地下发展。其最大的优点是池内冬暖夏凉且温度比较稳定，对防止储粮变质和虫霉危害很有好处。储粮池宜建于地下水位低、通风干燥的室内。具体建法是：

按要求挖一土池，在原地坪上铺一层塑料膜，再铺一层干砂和一层砖（防潮防鼠），池的四壁用砖砌，用石灰勾缝即可，若地下土质坚硬或是石骨子土，直接在挖成的四壁和池底涂抹和浇注水泥砂浆。为了防潮防水，可在其表面刷一层水玻璃或贴一层厚型塑料薄膜，或者涂刷一道防水砂浆。建一个长2 m，高、宽各1 m的储粮池，所要砖、石灰、塑料薄膜等费用低，可储粮1 500 kg。

格子仓 格子仓是一种新型粮仓，其建法是将粮仓分成几个小仓，这样可以把不同品种的粮食、新粮和陈粮分开装储，便于使用。农户可按自己的要求和实际情况确定格子的形状和布局。

储粮前的准备工作

对储粮环境和装具的清理消毒　保持储粮环境的清洁卫生是搞好安全储粮工作的基础。通过清理储粮环境，创造一个不利于害虫生长繁殖的空间，达到安全储粮和防治害虫的目的。装粮前，对粮仓和装具进行一次认真的清扫和检查，如有孔隙、洞缝要进行补修。新粮最好单独储藏，不要与陈粮放在一起，以防陈粮中的害虫成为新粮的虫源。不少仓虫会藏于储粮装具中，潜伏下来成为新的虫源。因此对于储粮装具，尤其是木、竹、棉、麻质装具，一定要清除其中的尘杂、地脚粮和虫卵。新建的粮仓或新制的装具，要充分干燥后才能用于储藏粮食。

粮食入仓前的晾晒、清选　粮食入储前一定要充分晾晒，尽量降低粮食的含水量，把水分降到安全水分以下。粮食的含水量可以通过手摸、牙咬粮粒等作出判断，如果手抓粮食感到光滑，粮食从手中流动顺畅，有清脆的响声，或者用门牙咬粮粒时感到脆、硬，响声清脆，断面整齐，都表明粮食已充分干燥。否则，应继续晾晒。另外，通过充分晾晒还可以杀灭其中所含的害虫。

粮食晒干后，还要通过风扬、过筛等方式，最大程度地清除粮食在收打过程中夹带的秸秆、叶片、粉尘、粮壳、泥沙、石粒等杂物和病粒、瘪粒、害虫，保证粮食的干、净、饱，以保持粮食干干净净入仓储存。

晾晒粮食一定要在水泥地面（可以充分利用农村的房顶），千万不要在柏油马路上进行。在柏油马路上晾晒粮食不仅影响交通，存在较大的安全隐患，同时，柏油马路在高温时会释放致癌物质，对晾晒的粮食造成污染，食用后对人体有害。

其他准备工作 搬运粮食的工具、箩筐、麻袋、塑料袋、装具用的盖子、塑料薄膜、绳子、保温隔热的覆盖物（如谷壳、麦糠、谷草等）应准备好，并保持清洁和干燥。

粮食的入仓及注意事项

趁热入仓 对于小麦等要求趁热进仓的粮食，在准备工作做好后，应选择烈日天气，暴晒时要做到薄摊、勤翻、晒透、晒干。时间最好从上午10点前后，到下午2点。待粮食温度达到50℃以上、水分达到14%以下时，趁热把粮食收起来，迅速装入粮仓和装具中，并立即严封，使粮食温度能缓慢下降。

冷进仓 对于不能热进仓的粮食或油料，应把它们晒干到安全水分以下，然后收起来放到室内，待冷至室温后才进仓储藏。要注意的是，在晾晒过程中，大部分虫霉均已被杀死，收回室内冷凉时，要防止室内其他害虫进入其中，成为新的虫源。

粮食入仓“五分开” 新粮储藏时要注意做到五个“分开”，即：新粮与陈粮分开，虫粮与无虫粮分开，高水分粮和低水分粮分开，带病粮与好粮分开，不同种类、等级粮食分开。

● 做好粮食储藏期间的日常管理　在粮食储藏期间一定要做好粮食的日常管理，经常检查粮食的情况，以便发现问题，及时处理，保证粮食的安全储藏。日常检查内容主要包括感官检查和粮食温度检查。感官检查。即观察粮食的色泽、气味是否正常，手抓起粮食看散落性是否良好，有无结块霉变现象。粮食温度检查，即将手插入粮食中，如果感觉凉爽，说明粮温正常；如果感觉潮热，说明粮食已然发热，应及时采取措施。也可使用温度计进行准确测量，如果粮堆内温度明显高于环境温度表明已不正常。

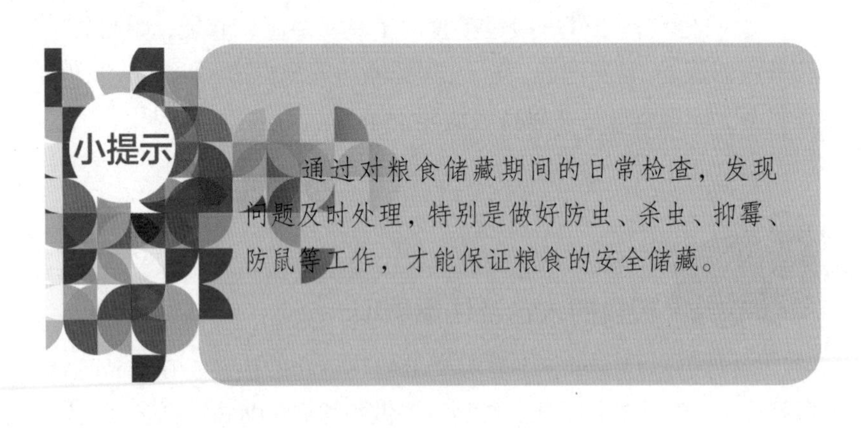

通过对粮食储藏期间的日常检查，发现问题及时处理，特别是做好防虫、杀虫、抑霉、防鼠等工作，才能保证粮食的安全储藏。

话题 3　粮食流通与管理

粮食是怎样流通的

● 粮食流通的一般过程是：生产者→粮食批发商→零售商→消费者，这一过程包含着一系列相互联系、相互影响的环节，每一个流通环节都是独立的经营活动，各个环节彼此又共同构成完整的粮食流通过程。

粮食流通过程主要包括收购、储存、运输、加工、销售等环节。其中收购是起点，销售是终点，运输和储存是联结购销的中间环节，加工（包括深加工和精加工）则是粮食收购后销售前改变粮食形态、将粮食由初级产品变为最终产品的重要环节。粮食加工改变了粮食的形态，但并不改变粮食的属性，同时还增加了粮食的附加价值。每个环节在粮食流通中的地位和作用虽然不同，但彼此相互联系、相互制约。在粮食流通过程中，只有妥善组织好、管理好每个流通环节，才能顺利完成粮食流通过程，保证物畅其流，更好地促进粮食生产的发展，为经济和社会发展奠定良好的物质基础。

从国际粮食市场的角度看，进出口也是粮食流通的一个重要环节，它表现为粮食从一个国家或地区向另一个国家或地区的流动。

我国粮食流通的有关法律法规

粮食流通作为一个世界性难题，在我们这样粮食经济市场化程度较低的国家，要解决好难度更大。粮食流通体制不仅直接影响城乡居民的食物供应与工业原料的供应，而且对于我国的工业化、城市化进程，甚至对经济发展和社会秩序的稳定都有重大影响，可谓“牵一发而动全身”。

我国关于粮食流通的法律法规有《粮食流通管理条例》（中华人民共和国国务院令第407号，2013年修正本）和《粮食流通监督检查暂行办法》（国粮检〔2004〕230号，2005年1月1日实施）。

《粮食流通管理条例》的主要内容

此条例的制定是为了保护粮食生产者的积极性，促进粮食生产，维护经营者、消费者的合法权益，保障国家粮食安全，维护粮食流通秩序。主要内容如下：

- 国家鼓励多种所有制市场主体从事粮食经营活动，促进公平竞争。依法从事的粮食经营活动受国家法律保护。严禁以非法手段阻碍粮食自由流通。国有粮食购销企业应当转变经营机制，提高市场竞争能力，在粮食流通中发挥主渠道作用，带头执行国家粮食政策。

- 粮食价格主要由市场供求形成。国家加强粮食流通管理，增强对粮食市场的调控能力。

- 粮食经营活动应当遵循自愿、公平、诚实信用的原则，不得损害粮食生产者、消费者的合法权益，不得损害国家利益和社会公共利益。

《粮食流通监督检查暂行办法》的主要内容

此办法是为规范和指导粮食流通监督管理，维护粮食流通秩序，保护粮食生产者的积极性，维护经营者、消费者的合法权益，根据《粮食流通管理条例》以及有关法律、行政法规而制定的。主要内容如下：

● 粮食流通监督检查实行国家各有关部门分工负责制和中央与地方分级负责制。国家粮食行政管理部门对有关粮食流通的法律、法规、政策及各项规章制度的执行情况进行监督，负责粮食流通监督检查的行政管理和行业指导。省级粮食行政管理部门负责辖区内粮食流通监督检查的行政管理和行业指导。地方各级粮食行政管理部门在本辖区内依法履行监督检查职责，执行上级粮食行政管理部门下达的粮食流通监督检查任务。工商行政管理、质量监督、卫生、价格、财政等部门在各自的职责范围内负责与粮食流通监督检查有关的工作。

● 各级粮食行政管理部门要切实加强粮食流通监督检查制度的建设，充实加强监督检查人员队伍。从事粮食流通监督检查工作的人员，应当具有法律和相关业务知识，并定期接受培训和考核。

● 粮食流通监督检查实行持证检查制度。粮食行政管理部门的监督检查人员在执行任务时要出示《粮食监督检查证》。《粮食监督检查证》由国家粮食行政管理部门统一监制，由省级以上粮食行政管理部门对监督检查人员进行培训，经考核合格后核发。其他部门在执行粮食监督检查任务时，也要出示有法定效力的监督检查证。

●对粮食经营者违规行为的罚没收入应纳入预算管理并根据《罚没财物和追回赃款赃物管理办法》（〔86〕财预 228 号）、行政事业性收费和罚没收入“收支两条线”管理规定及财政国库管理制度改革的有关要求上缴国库。任何单位和个人不得挤占、截留、挪用。粮食流通监督检查所需经费按有关规定和程序申请、管理和使用。

粮食运输注意事项

●粮食运输可分为短途运输（小于 200 km）和长途运输（大于 200 km）。

●短途运输工具和转载容器要清洁无异味、干燥、防虫害。运输过程中要防尘、防蝇、防晒、防雨。散装短途粮食运输要用密闭车辆。

●长途运输的粮食，需要进行熏蒸处理。运输工具和转载容器要求清洁无异味、干燥、防虫害，其强度足以保护产品长途运输。船舱散装运输时，船舱要清洁、干燥、消毒处理。运输过程要定期抽取样品检查品质和虫害情况。运输过程中要根据运输途中的气候变化，注意通风，防止粮食的出汗现象导致的粮食霉变。

●运输包装包括车、仓、罐、桶、袋等。包装材料要具有一定的强度，应符合有关卫生标准和规定，以保障粮食的安全。运输粮食的车、船、容器在每次运输粮食前应彻底进行清洁，装过其他物品特别是运载过活体牲畜的车、船、容器等应经过清洗消毒后方可装运粮食。运输过程中应尽量保证温度和湿度在适宜的范围内。粮食外包装应有明显的标记，标明：品名、等级、规格、毛质量、净质量、生产单位、生产日期等。粮食运输要随带装运清单，装运清单应填清所运产品名称、规格型号、批次、数量、目的地及接收单位（人）。

话题 4　粮食及其制品的质量安全

粮食储藏中存在的质量安全问题

● 稻谷储存中易发生的问题　稻谷在储藏期间，由于其本身的呼吸作用以及受微生物与害虫生命活动的综合影响，往往会发热、霉变、生芽，导致稻谷品质劣变，丧失生命力，造成重大损失。稻谷的呼吸作用和微生物与害虫生命活动的强弱，与稻谷的水分、温度以及大气的湿度与氧气等因素密切相关，其中水分与温度又是最主要的因素。在储藏过程中要通过控制各种因素把稻谷呼吸强度和微生物与害虫的生命活动压制到最微弱的程度，以防止稻谷发热、霉变、生芽，确保稻谷储藏安全。

● 小麦储存中易发生的问题　小麦种皮较薄，无外壳保护，组织松软，含有大量的亲水物质，吸水能力强，极易吸附空气中的水汽。吸湿后的小麦籽粒体积增大，易滋生病虫，引起发热、霉变或生芽。其中白皮小麦的吸湿性比红皮小麦强，软质小麦的吸湿性比硬质小麦强。此外，小麦是抗虫性差、染虫率较高的粮种，除少数豆类专食性虫种外，小麦几乎能被所有的储粮害虫侵染，其中以玉米蟓、麦蛾等危害最严重。

玉米储存中易发生的问题 玉米外层有坚韧的果皮，透水性弱，但水分较容易从种胚和发芽口进入，不利于安全储藏。玉米同一果穗的顶部与基部授粉时间不同，致使顶部籽粒成熟度相对较低，同一果穗的籽粒成熟度往往不均匀，种子成熟度的差异会导致脱粒时籽粒破碎增多。受热害或晚秋玉米受冻等均能增加种子生理活性，促使呼吸作用增强，不利于安全储藏。玉米胚部大，脂肪含量高，胚部的脂肪酸值远远高于胚乳，酸败首先从胚部开始。同时，胚部易吸水，水分高，营养丰富，易生霉。

粮食制品质量方面有哪些危害性因素

1. 粮食制品中可能存在的化学性危害

主要的化学污染物包括农药、不当使用的食品添加剂、食品工业有害物质等。

农药残留 农药对人体产生的危害，包括致畸性、致突变性、致癌性和对生殖和遗传的影响。

食品添加剂 不正当使用食品添加剂可导致的安全问题有：急性或慢性中毒；引起变态反应，如糖精可引起皮肤瘙痒症；食品添加剂在人体内蓄积，威胁人体健康；有些食品添加剂转化物为有害物质；部分添加剂被确定或怀疑具致癌作用。

食品工业有害物质 污染途径有大气污染、工业废水污染、土壤污染，容器和包装材料的污染等。

2. 粮食制品中可能存在的生物性危害

生物性危害按生物的种类主要分为霉菌性危害、细菌性危害、昆虫危害（蝇类、蟑螂和螨类造成的危害）等。

霉菌性危害 粮食上的真菌包括寄生菌、腐生菌和兼寄生菌。腐生菌在粮食上的数量最多，对粮食危害最大。粮食中典型的腐生菌是曲霉和青霉，这些腐生菌是造成粮食霉变发热、带毒的主要菌种。霉菌侵染粮食后可发生各种类型的病斑或色变。霉变的粮食营养价值降低，感官性状恶化，更为重要的是霉菌毒素对人体可能造成严重危害。

细菌性危害 一般而言，细菌不会引起粮食发热，因为细菌活动需要游离的水存在，同时只有粮食籽粒表面出现孔道或创伤时，细菌才能进入粮食籽粒内部，并进入活跃期。但是，粮食的磨粉加工可以引起细菌的生长繁殖及食物变质。

昆虫危害 危害粮食制品的昆虫主要有粮食害虫、螨类、蝇类、蟑螂等。

同时，有毒植物混入粮食及其制品也会引起危害。粮食作物中有时会混入一些有毒的杂草籽粒等，如不严格筛选将其有效去除，也会给消费者健康造成一定的危害。

3. 粮食制品中可能存在的物理性危害

粮食制品中物理性危害是指在粮食及其制品中存在着非正常的具有潜在危害的外来异质，常见的有玻璃、铁钉、铁丝、铁针、石块、铅块、骨头、金属碎片等。当粮食及其制品中有上述异物存在时，可能对消费者造成身体伤害。

粮食及其制品中物理性危害的来源：一是由原材料中引入的物理性危害；二是加工过程中混入的异物。

粮食生产的质量安全控制

1. 大米

（1）原料中杂质控制

化学性危害控制　选择耕地必须远离化工企业、制革企业、冶炼企业等高危产业的场地，选择具有良好抗逆性和抗病性的水稻品种，建立良好的耕作制度，防止滥用化肥和农药造成的污染。

生物性危害控制　加强田间管理，收获后及时清理，控制有毒植物和有害杂草籽混入。控制储藏环境的温度和湿度条件，防止粮食的霉变产生毒素，对已经污染的粮食进行去毒处理，如采用物理化学等方法将毒素去除或采用特殊的加工方法去除毒素。

（2）碾米、成品及辅产品处理各工序危害控制

加工工序的各个环节　车间需设防蝇、防鼠设施，定期对生产车间进行消毒处理。加强操作人员的卫生质量意识，定期对

从业人员进行健康检查。选择耐腐蚀、防污染的生产设备和用具，防止清洗过程中使用的试剂的残留。

● **包装材料的选择**　应选择符合卫生标准的包装材料，并保证包装材料储存场所的卫生，防止污染。

● **储运各环节引入危害的控制**　保持运输工具的清洁卫生，定期对仓库进行清理及消毒。同时，应注意保持通风设备的完善以及运输环境的温度。

2. 小麦

（1）小麦清理

● **清理流程**　小麦清理流程通常包括以下过程中的部分或全部：初清（初清筛）→筛选（带风选）→去石→精选→磁选→打麦（清打）→筛选（带风选）→着水→润麦→磁选→打麦（重打）→筛选（带风选）→磁选→净麦仓。

● **安全卫生控制方法**　用磁选器清理，避免集结的金属掉到麦粉中；检查去石机或去石分级机的筛面磨损情况，光滑的筛面不利于石子上爬；保证润麦用水的清洁卫生，储水箱定时清洁消毒；采取有效方法，尽量缩短润麦时间，防止微生物生长繁殖；润麦仓要合理周转使用，保证着水后的小麦或洗过的小麦能及时进行润麦。

（2）小麦研磨

● **研磨方法**　小麦研磨是通过磨齿的相互作用将麦粒剥开，从麸片上刮下胚乳，并将胚乳磨成具有一定细度的面粉。小麦研磨时应尽量保持皮层的完整，以保证面粉的质量。

● **安全卫生控制方法**　定时清理磨粉机磨膛内壁的残留面粉，

杜绝微生物污染；及时清理堆积在车间内的下脚料，保证面粉生产的环境卫生；加强对员工的生产管理、卫生管理的培训和教育，提高员工的卫生意识；物料回机应严格按原则执行，不能随便回机。

3. 糕点

糕点因品种、配方不同，生产工艺有所差别，其基本工艺流程为：原料接收及预处理→原料计量→原辅料配制→成型→烘烤→

冷却→产品整理→计量包装→入库。

原料的控制　采购原辅料必须向出售方索取检验合格证书。不符合规定的，如霉变、坏粒等原料应拒绝入库，在储存过程中出现质量问题的也应废弃。添加剂的使用应严格按照《食品安全国家标准　食品添加剂使用标准》（GB 2760—2014）规定的使用范围和使用剂量标准。

生产加工过程　生产中用的所有原料需经消毒处理，严格控制沙门氏菌的污染。在焙烤过程中应严格控制焙烤温度及焙烤时间，达到杀菌作用，并控制产品的含水量。加工设备及产品盛放容器应按照要求清洗消毒，盛放容器不得直接接触地面，各类食品包装材料均应符合国家卫生标准。

加工者及环境卫生　加工人员的手部卫生是关键控制点，手的消毒应严格按照消毒程序进行。同时，要加强生产环境的改善，建立环境卫生制度，定期清扫、消毒、检查，用灭菌剂在厂区喷雾，消灭空气中的微生物，禁止在车间四周堆放杂物等。

4. 保鲜类主食

保鲜主食类产品有饭、面、粥等。

原辅料的控制　采购原辅料必须向出售方索取检验合格证书。不符合规定的拒绝入库，原料在储存过程中出现质量问题应废弃。必须使用国家规定的定点厂生产的食品级添加剂，添加剂的使用范围和使用剂量应严格执行《食品安全国家标准 食品添加剂使用标准》规定。

生产加工过程　蒸煮杀菌过程中应严格控制蒸煮温度及蒸煮时间，确保达到杀菌作用。加工设备及产品盛放容器应按照要求清洗消毒，盛放容器不得直接接触地面，各类食品包装材料均应符合国家卫生标准。

加工人员及环境卫生 在保鲜类主食生产过程中，人员卫生是影响半成品原始含菌量的重要因素，要求操作人员严格执行卫生操作规范。同时，要加强生产环境的改善，建立环境卫生制度，定期清扫、消毒、检查，降低空气中的微生物数量，禁止在车间四周乱堆、乱放杂物等。

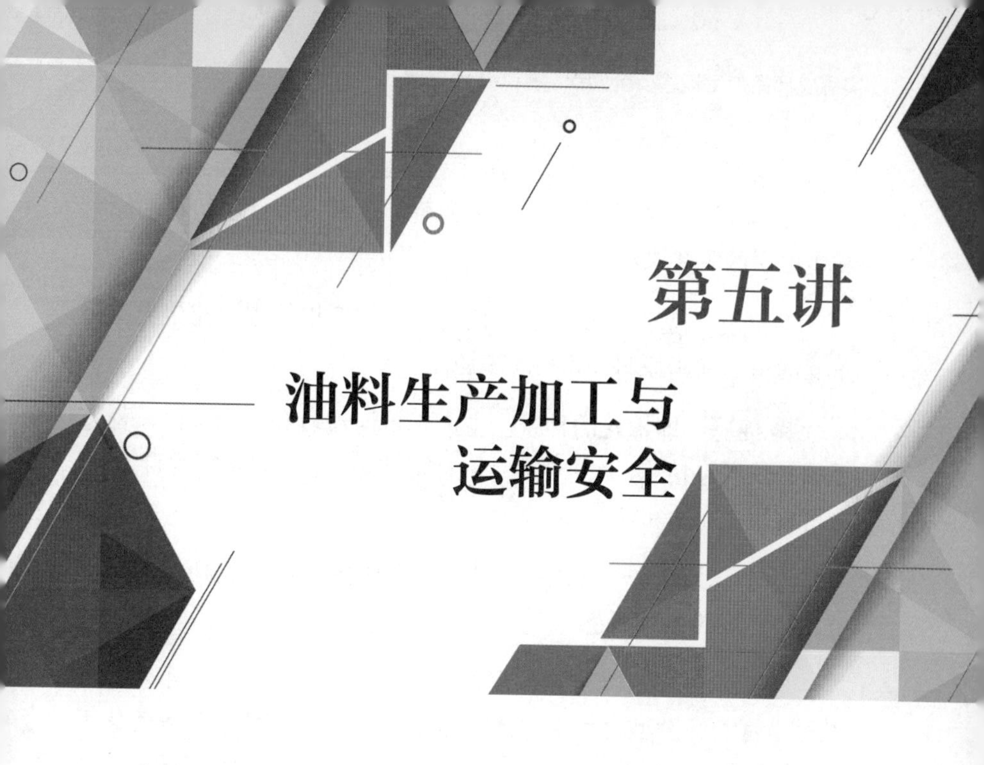

第五讲 油料生产加工与运输安全

话题1 油料产品及其商品化处理

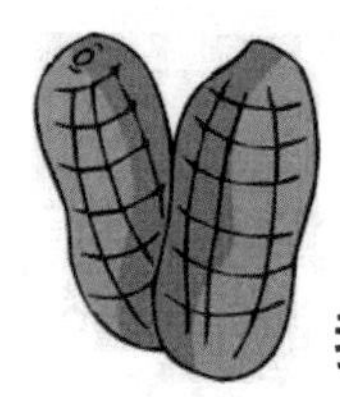

我国常见的油料种类

在我国，可大量获取植物油脂的原料有很多种，但油脂加工业中最重要的大宗油料包括油菜籽、大豆、花生、棉籽、芝麻、向日葵、米糠、油茶籽、蓖麻籽等。

● 油菜籽　呈圆球形，外表有黑色、黄色、褐色、棕红色等多种颜色，是一种食用高含油作物。国内已广泛推广种植低芥酸低硫甙优质油菜品种，低芥酸菜籽油有利于人体消化吸收，低硫甙菜籽饼粕可直接用作饲料。

大豆 主产区为东北地区和黄淮流域，是食用植物油原料和蛋白质的重要来源之一。

花生 盛产于山东、河南、河北、四川等省，花生类是最重要的植物油脂原料和蛋白质来源之一。

棉籽 即棉花的种子。主产于黄河流域和新疆地区。棉籽毛油必须经过精炼，除去棉酚（一种毒性物质，主要影响生育力），方可食用。

芝麻 主产于我国中部地区。其种子呈扁平椭圆形，有白、黄、褐、黑等数种颜色。

米糠 是大米生产的副产品，米糠油是一种营养丰富的食用油，属于保健型食用油，同时也是生育酚、谷维素等医药化工产品的原料之一。

葵花籽 葵花在我国东北、西北、华北等地广泛种植，可分为普通葵花和油葵两种。普通型葵花籽含油率比油葵籽要低一些。

油茶籽 为木本油料植物油茶的种子，是我国特有的油脂原料，盛产于南方各地，尤以江西、湖南最多。茶籽油色清、味香，营养价值高，是我国南方地区重要的食用植物油。但是，茶籽脱脂后的粕，必须经过脱毒才能作饲料。

红花籽 即红花的种子。红花籽油是欧美风行的保健型食用营养油之一。在我国，红花主产地在新疆维吾尔自治区。

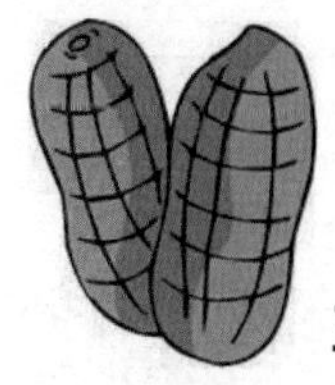

主要油料制品类型

随着我国经济的发展和人民生活水平的提高，人们需要品质更优异、功能更突出、品种更多样的油脂油料加工产品。

食用植物油　食用植物油是从大豆、花生等油料作物中制取的油脂产品，包括单一品种的食用植物油和调和油，按照加工工艺可分为冷榨植物油、热榨植物油、浸提油等。

食用调和油　食用调和油，顾名思义就是以几种油脂，用适当的方法调和在一起的油脂产品。目前食用油市场上有很多种类的调和油，其功能是多种多样的，有改善营养性状的，也有改善食用油风味及口感性状的。调和油使食用油脂产品结构更丰富，功能特性更优良。

人造奶油　人造奶油以精制食用油或部分氢化油为基料，添加水及其他各种辅料，经过乳化和急冷捏合，制成具有天然奶油特色的可塑性制品。人造奶油具有奶油的特性，即可塑性。一般用来涂抹在面包上，或供烘焙及烹调之用。

起酥油　起酥油是具有可塑性、起酥性、乳化性等加工性能，用于加工糕点、面包或煎炸食品的油脂产品。传统的起酥油是具有可塑性的固体脂肪，最早只作为猪油代用品，现在已开发出宽塑性范围起酥油、窄塑性范围起酥油、流动性起酥油、粉末起酥油等多种产品，用途广泛。

代可可脂　可可脂是用可可豆制成的脂肪，最适合在糖果（巧克力）中应用。由于地区和气候的局限性，全球可可脂产量较少，价格高，在一些国家很缺乏。有些油脂的加工制品，可以呈现可可脂的特性，这类制品称为“代可可脂”，即可可脂的代用品。

油料饼粕 油料饼粕是指油料经过压榨或浸提工艺去油后的一种副产品。目前饼粕的利用有以下几个方面：一是从饼粕中制取浓缩蛋白质，分离蛋白、纤维状蛋白和组织蛋白；二是利用某些饼粕转化制取食用产品，如制作糖、白酒、食醋、酱油、味精等；三是利用某些优质饼粕粉，直接作为人类的食品原料；四是用作饲料；五是利用次等饼粕，作某些经济作物的肥料。

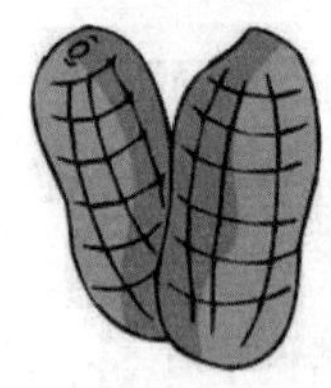

油品的商品化处理

油料经过压榨或浸出得到毛油，毛油经过精炼工艺，即脱胶、脱酸、脱色、脱臭和脱蜡等工序即得到精炼油，精炼油再经过质量检查、包装等商品化处理后即成为食用商品油。

1. 植物油脂的质量检查

对植物油脂质量检查通常采用的方法是逐件检查和随机抽样检查。

逐件检查 逐件检查是在植物油脂数量少时才采用的一种方法。

随机抽样检查 随机抽样检查是从一批受检的植物油脂中扦取部分样品，以样品的检验结果作为评价整批植物油脂质量的依据。采用随机抽样检查所扦取的样品必须具有代表性，扦取的样品应妥善地密封保存，保证在一定期限内不变质，并在盛放样品的容器上贴标签，注明品名、批次、数量、扦样人员和日期，以备复查。针对大批量的植物油脂主要采用的是随机抽样检查。

2. 油脂的包装

油类食品传统上采用玻璃瓶包装，之后逐渐发展为塑料瓶和铁桶包装。通常采用的塑料瓶有聚氯乙烯、聚酯、聚苯乙烯和高、低密度聚乙烯等品种。另外，可采用复合材料，主要有纸/聚乙烯/纸/离子型树脂复合材料制成的容器，外层涂聚乙烯—醋酸乙烯和蜡制成的热溶胶，内层是离子型树脂，热封性能好，而且耐油。需要运输的包装多采用铁桶。

油脂经过商品化处理后即可流通上市。

话题 2　油脂的安全储藏

油脂的储藏特性

油脂一般含有大量的不饱和脂肪酸，在储藏过程中易被空气中的氧气氧化分解，导致游离脂肪酸含量不断增加，酸价增高，并逐渐酸败变苦。为了防止油脂的酸败，在储藏过程中，应低温、干燥、密闭、避光储藏。

低温，即油脂储藏时应将油脂存放在低温的仓库内。干燥，即储藏油脂的仓库内或周围环境应保持干燥，如湿度过大，可通风降湿，或将生石灰、草木灰等吸湿剂放在仓库内或储藏油脂的环境中，以此来降低仓库内或储油周围环境的湿度。为减少油脂与空气的接触，延缓氧化，防止酸败，油脂应存于密闭的容器中。为减少太阳光的照射，油脂还应储藏于仓库内或避光的地方。只有采用低温、干燥、密闭、避光储藏，才能确保油脂的储藏安全。

水、温度及日光对油脂储藏的影响

低水低温防日晒，保证油脂不酸败。

● 水　水和油脂是不相溶的，油脂中不应有水。但在目前生产条件下，由于各种因素的影响，油脂中仍会有一定的水分。在较高的温度下，水能使脂肪起水解作用，且有利于微生物的生长繁殖。因此，如果油脂中水分过多，便会促使油脂酸败，此时可采取煮沸串倒等方法减少水分。

● 温度　油脂在储藏期间应处于低温干燥环境中。温度高，有利于微生物繁殖，同时油脂中原有蛋白酶、解脂酶等在较高温度下亦加速活跃，使不饱和脂肪酸加速氧化分解，败坏油的品质。温度越高，油脂酸败得越快。

● 日光　油脂应避光储藏，防止日光直晒。因为油脂在日光的紫外线作用下，会产生少量的臭氧，而臭氧又会与油脂中的不饱和脂肪酸反应生成臭氧化物，臭氧化物在水的影响下，又进一步分解为醛和酮类物质，使油脂酸败变苦。

家庭储藏油脂时，要避免日光照射和强烈的灯光照明，以防止油脂酸败变苦。

二、金属、空气及微生物对油脂储藏的影响

除水、温度和日光直接影响油脂的安全储藏外，金属、空气、微生物、杂质等也是影响油脂安全储藏的重要因素。

金属 油脂接触金属易引起油脂酸败，这是因为一般金属都能起到氧化促进剂的作用。铜对油脂的影响最大，铁的影响较小，因此，农家储藏油脂时，最好不要使用金属容器，特别是铜器，应选用陶瓷或有色玻璃器皿，以防止酸败。

空气 油脂接触空气会发生氧化酸败。因此，农家储藏油脂时，应根据油脂的数量，选择大小适宜的容器。将油脂灌满容器后封严容器口，密闭储藏，尽量减少油脂与空气的接触，防止油脂氧化酸败。

微生物与杂质 油脂在加工、运输和储藏过程中，不可避免地会受到微生物的污染。同时由于技术条件的限制，油脂中很可能含有少量的杂质。油脂中的微生物在适宜的温度、氧气和养料（主要是油脂中的杂质）的条件下，会大量繁殖，分泌解脂酶和蛋白酶，促使油脂酸败。同时还能产生有毒的代谢物（如黄曲霉毒素），致使油脂带毒。因此，油脂在储藏之前和储藏过程中，应及时清除杂质，以防止油脂酸败。

家庭如何安全储藏油脂

家庭储藏油脂应当做到：容器适宜防酸败，方法得当保安全。

适宜的容器 为安全储藏油脂，首先要选择适宜的容器。家庭储藏油脂，一般数量不大，可放在陶瓷或搪瓷缸内，缸口要封严，密闭储藏，也可放在绿色或棕色的玻璃瓶内，应密闭并于低温避光处存放。如储存量较大，也可放在铁桶内储藏。无论存于何种容器内，均应保证把容器灌满，把容器口封严，密闭储藏，以减少与外界空气的接触，并将容器置于低温避光处。

小提示

油脂不宜放在塑料桶内储藏，因为一般塑料中含有一些可溶于油的物质，有些塑料的增塑剂还含有一定的毒性。另外严禁将油放在铜制容器内储藏，以防油脂酸败。

正确的方法 为保证储油安全，油脂在储藏前，应进行清水除杂，其方法有沉淀、蒸发、过滤等几种。油脂储藏前沉淀1~2天，使杂质和水分沉淀，然后把上层油脂轻轻倒入容器中，将底层的水分和杂质清除，此法称为沉淀法。在储藏前将油脂放入锅内加热煮沸，根据水和油的沸点不同，将油脂中的水分蒸发掉，待杂质沉淀，把油轻轻灌入容器中，弃去底层的杂质，此法称为蒸发法。过滤法是用细纱绢或细纱巾过滤油脂，以清除杂质。

油脂在储藏过程中，若发现水分和杂质含量较高，也可用上述方法清除。

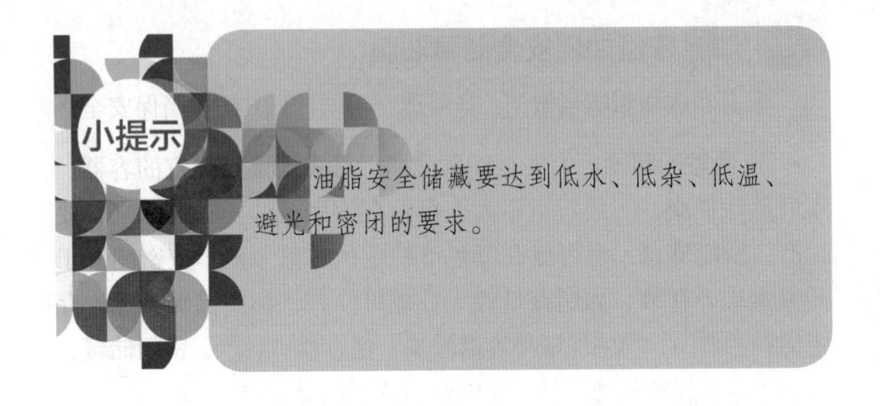

油脂安全储藏要达到低水、低杂、低温、避光和密闭的要求。

话题 3　油料流通与质量安全

油料产品的流通特点

● 市场购销为主　随着改革开放的不断深入，油脂的流通体制发生了根本性的变化，其配置方式已由计划调拨转变为市场购销为主，油脂物流的组成方式由相对集中变为分散多元化。

● 运输资源配置合理　油脂物流运行通畅，运力瓶颈已经打破，运输资源配置更趋合理，油脂运输业正面临新的发展机遇和挑战。自从油脂由国营粮食部门独家经营的局面被打破后，合资、供销、外贸及私营企业从事油脂生产和经营的规模越来越大，并占据相当比重，开始形成多种经济成分并存、多部门共同参与的市场格局，油脂的运输主体也随之呈现多元化现象。运输主体多元化现象的存在给油脂运输带来了更大的发展和激烈的竞争，同时也出现了一些不良的后果。

物流主体多元化、运行机制市场化、油脂运输社会化、油脂流向趋利化的多渠道竞争格局已经形成。其中物流在油脂流通中的变化极具代表性。

散装食用油料产品的运输

散装运输容器 散装运输是指采用油船、油罐车、油桶等大容量容器（大于 220 L 的钢制油桶和大于 25 L 的塑料桶）盛装油脂的运输方式。油料容器应使用符合食品卫生标准和食品卫生有关规定的材料制成。钢制容器宜采用不锈钢材料，采用低碳钢材料制造时其内壁应涂符合食品卫生要求的食用级涂料。塑料容器应采用 PE（聚乙烯）、PET（聚酯）等国家允许使用的材料。不应使用含有铜及其合金材料制成的容器、输油管道、管件、测量仪表或取样器械等。不应使用水银温度计进行油温的测量。容器应清洁、干燥、具有良好的密闭性，防止油脂在运输过程中受到污染，以及因空气或雨水进入造成的油脂氧化酸败。用于高熔点、高黏度油脂运输的油轮、罐车，应具有保温和伴热设施。伴热装置宜采用不锈钢材料制作的加热盘管。

装油 在运输容器中装入油脂前，应认真检查运输容器是否符合规定。油料装入运输容器后，应对容器进出口进行铅封。装油时，应采用独立的输油管道分别进行不同品种、不同等级油脂的灌装，避免混合掺杂。如果共用输油管道，应遵照先灌装同品种高等级油脂，再灌装低等级油脂，然后灌装其他油脂的原则。若使用已经输送和灌装低等级油脂的管道，应先用高等级油脂冲洗管线，再输送和灌装高等级油脂。运输容器的装油作业应尽可能避免混入空气，油脂宜从容器底部输入，或将进油管置于容器内底部使油脂从容器底部输入。灌装高熔点、高黏度油脂前，应对油脂进行缓慢加热，以便油脂融化和完全均质，加热时应避免造成油脂局部过热，装油油温控制见表5—1。装油的环境应清洁，避免在有粉尘、有毒有害气体及其他扩散性污染源的场所进行装油作业。

运输 油料运输过程中尽量避免长时间高温暴晒，高温天气长时间运输，要有降温、遮阳措施。高等级油脂长途运输时，宜在运输容器中充入高纯度氮气或二氧化碳等惰性气体，防止油脂氧化酸败。运输途中保持运输车辆清洁，防止污染，防止容器标签脱落，同时防止容器中油脂的渗漏，杜绝外来油脂或其他物质的掺入。长时间运输过程需对运输期间的气候条件、油温等进行记录。

卸油 卸油时管道应清洁，保持环境卫生。高熔点、高黏度油脂应保证油脂完全融化，具有良好的流动性。卸油作业应防止跑、冒、滴、漏等现象发生，应制定油脂溢漏事故应急措施并备有相应设施，确保卸油作业的安全。

油料运输的随行文件和标识 油料运输应随带装运清单，装运清单应清楚填写所运油脂的品名、数量、质量等级、生产厂名、产地、生产日期、批号、保质期限、发货期、目的地及接收单位、联系方式等。包装上标明品名、数量、质量等级、生产厂名、生产日期、保质期限等内容，采用粘贴或悬挂方式进行标识，并防止运输中脱落和遗失。

表 5—1 高熔点、高黏度油脂装卸和运输温度参考值

油脂种类	批量运输		装油和卸油	
	最低温度（℃）	最高温度（℃）	最低温度（℃）	最高温度（℃）
椰子油	27	32	40	45
棕榈油	32	40	50	55
棕榈软脂	25	30	32	35
棕榈硬脂	40	45	60	70
棕榈仁油	27	32	40	45
棕榈仁软油	25	30	30	35
棕榈仁硬油	32	38	40	45
花生油	室温	室温	20	25
棉籽油	室温	室温	20	25
大豆油	室温	室温	20	25
菜籽油	室温	室温	10	20
玉米油	室温	室温	10	20
芝麻油	室温	室温	10	20
橄榄油	室温	室温	10	20
葵花籽油	室温	室温	10	20

续表

油脂种类	批量运输		装油和卸油	
	最低温度（℃）	最高温度（℃）	最低温度（℃）	最高温度（℃）
红花籽油	室温	室温	10	20
亚麻籽油	室温	室温	10	20
葡萄籽油	室温	室温	10	20

注：1. 表中所列出的油温是指高、中、低温度读数的平均值。
2. 在某些情况下，环境温度可能超过表中所推荐的最高温度。

转基因原料制得油脂的安全问题

由于从国外进口的大豆多为转基因产品，因此，消费者应了解转基因技术的有关情况，以便对转基因食品有清楚的认识。

转基因技术 转基因技术是一项新兴技术，就是通过生物技术，将某个优良基因从生物中提取出来，植入另一种生物体内，形成新品种的转基因生物。它克服了天然物种生殖隔离屏障，将具有某种特性的基因分离和克隆，再转接到另外的生物细胞内，从而可以按照人们的意愿创造出自然界中原来并不存在的新的生物功能和类型。如转基因大豆就是把其他生物的基因植入到大豆内生产出的，它的抵抗力和某种功能成分比普通大豆高。

转基因食品的安全性 转基因食品的潜在问题包括：转基因食物的过敏性、转基因食品的毒性、营养品质改变问题、转基因生物的环境安全性等。针对转基因食品的安全性问题，目前并没有明确的研究结论。欧盟要求直接将食物成分（是否含转基因）标注出来告诉消费者。我国农业部和质检总局也发文，要求食品生产企业必须将原料中所含的转基因成分明确标示在产品外包装上，让消费者在享有足够知情权的情况下自主选择。

食用油酸败的鉴别

油脂中含有大量的不饱和脂肪酸，储藏过程中最突出的问题是酸败。

1. 酸败油的特征

酸败的油脂产品表现主要有：酸价增高、颜色变深、沉淀增多，油液变得浑浊，食味变苦，甚至产生哈喇味或臭味，以致不能食用。导致酸败的因素有水、空气、温度、日光、杂质、金属等。

2. 酸败油的鉴别

常用的鉴别食用油酸败的方法为感官鉴别法，应掌握以下要领：

- **看色泽** 植物油都有一种特有的颜色，经过精炼，色素会被清除一些，但油的色泽深浅因品种不同而不同。可以通过色泽初步鉴别油脂是否酸败。

- **看透明度** 选择澄清、透明的油，透明度越高越好。

- **看沉淀物** 正常的油无沉淀和悬浮物，黏度小。

- **闻** 各类品种油有其正常的独特气味，而无酸臭等异味。取一两滴油放在手心里，双手摩擦发热后，用鼻子闻不出异味即没有变质。如有异味就不能食用。

- **尝** 品质正常的油无异味，如油有苦、辣、酸、麻等味感则说明已变质。

查　看包装上标注的内容及商标，特别是保质期和出厂日期，无厂名、厂址及质量标准号的不要购买。

食用油加工中存在的质量安全问题

1. 油脂提取可能造成的质量安全问题

原料霉变　由于某些霉变原料的存在，会导致机榨毛油中的霉变毒素大大超标。霉变能影响食用油的气味和食味，并对人体和动物有很大毒性。如花生易被黄曲霉毒素污染。

溶剂残留量高　采用浸出法制取植物类油脂时，残留溶剂含量是国家卫生标准中的一项重要指标。由于溶剂浸出法出油率远远高于压榨法，所以浸出油的市场占有率越来越高。但有些不法商贩只注重提高出油率，而不注重有机溶剂的处理，造成浸出油中残留有机溶剂含量过高，严重危害着人民群众的身体健康。

2. 油脂精炼可能造成的主要质量安全问题

除杂过程　过滤温度不宜过高，温度过高可能会导致油的氧化，影响油的品质。

脱胶过程　脱胶需要较多的化学制剂，再加上加工工艺过程较长，其物理、化学和生物危害比较明显。主要物理危害是加工过程中会有金属物掉落的可能，化学危害是化学制剂残留以及不适当温度造成的油品变质或化学制剂变质，生物危害主要是低温脱胶中可能因为水质不达标或操作环境不合格引入微生物而产生污染。

脱酸过程 脱酸时，对于品质差（酸值在 10 以上）的毛油，需加入浓度较高、数量较多的碱液，这样会产生较多的皂角，大量中性油被带入皂角中，炼耗较大，同时，碱炼过程产生的漂洗水应及时处理，否则会污染环境。萃取分离油和游离脂肪酸过程中，溶剂残留会严重影响油脂的安全性。

脱色过程 脱色过程之前的工艺操作不当或者脱色效率低，都会造成成品油回色，酸值回升。

脱臭过程 天然油脂中的脂肪酸为顺式脂肪酸，脱臭后的油脂会产生大量对人体有害的反式脂肪酸，而且其含量随时间和温度的增加而上升。

脱蜡 脱蜡需加入酸、碱及硅藻土、红磷锰石等结晶助剂，往往影响油脂的安全性。由于化学物质的加入，设备及管道的腐蚀问题很严重，若设备腐蚀穿孔泄漏还会影响油的食用安全性和生产安全性。

制油原料的清理

油料加工制取油脂的第一道工序是清理。油料在收获、摊晒、运输和入库的过程中，会带入一定数量的杂质，这些杂质如不除去，不仅影响出油率、油品和饼粕的品质，还会造成油品质量的安全问题。

油料清理方法有筛选、风选、磁选等。

筛选 筛选是利用油料和杂质在颗粒大小上的差别，借助含杂油料和筛面的相对运动，利用不同的筛孔将大于或小于油料的杂质清理掉的一种方法。

风选 风选是利用油料和杂质的密度不同，借助风力，将重于或轻于油料的杂质清除掉的一种方法。

磁选 磁选是利用磁铁的吸引力，将混入油料中的磁性杂质吸出，使油料和杂质分离的一种方法。

对于油料籽粒中的“并肩泥”（即和油料籽粒大小、形状、重量都差不多的泥土），可通过碾磨、挤压、撞击的方法将泥土团粒碾碎，再用风选或筛选的办法除去。

油料作物储藏中的质量安全问题

油料在正常状态下有完整的皮层保护，并且几乎所有油料都会含有维生素 E 及磷脂等天然抗氧化剂，能在一定程度上防止油料中的脂肪氧化，因此油料耐储藏性较好。但由于所有油料都含有大量的脂肪，且植物油料所含的脂肪主要由不饱和脂肪酸组成，因此，在条件适合时，极易造成酸价增高，导致变质。油料品质劣变，大多是氧化变质，也可能是油料在种子本身及微生物的脂肪酶作用下引起水解产生游离脂肪酸而导致的水解变质，这在水含量与温度较高的情况下尤为突出。

油料籽粒一般呈圆形或椭圆形，籽粒表面光滑，堆成垛以后，料堆孔隙度比粮堆孔隙度更小（花生果和葵花籽除外），散落性更大，自动分级更严重，对仓房的侧压力也更大。堆内积热和积湿不易散发，容易引起料堆持久发热、霉变。

食用油加工过程中的质量安全控制

除杂过程 为了防止油的氧化，一般过滤温度以不超过90 ℃为宜。过滤时压力增大可增加过滤速度，使产量提高。但超过一定的压力时，滤饼可能结块进而影响过滤速度的提高，同时也影响过滤质量。

脱胶过程 对于脱胶过程可能引入的物理危害，在后续的质检工序可以将其降低到可接受水平。对于化学危害的控制主要是严格按照卫生标准操作程序（Sanitation Standard Operating Procedure，SSOP）执行并控制好操作过程的温度。实行良好的操作规程可以控制低温脱胶过程中的生物危害。

脱酸过程 在选择用于萃取分离油和游离脂肪酸的多种单元溶剂以及醇与正己烷组成的多元溶剂时，要选择那些性质稳定、分离效果好、价格适宜、容易回收而且损耗小的溶剂，还要考虑油脂、脂肪酸在溶剂中不同温度时的溶解度，以减少残留溶剂对食用油脂安全性的影响。

脱色过程 为了保证脱色效果，应尽可能降低待脱色油脂的含水量。因为水会破坏白土的脱色能力，同时，水分的降低也使得待脱色油中残存皂角的溶解度降低，可以保证残存皂角迅速被白土吸附，而不致带入脱臭工艺过程。另外，要保证良好的真空度，以避免氧化。

脱臭过程 在高温下进行脱臭处理时，温度应随设备的类型、油脂的种类以及成品的要求不同而变化。例如椰子油，它的相对分子质量非常低，加热时极少超过 240 ℃，而加工棕榈油时应在 275 ℃下脱臭。因此，合理选择蒸馏脱酸、脱臭的温度和时间，对于有效控制副反应的产生，减少反式脂肪酸形成是非常重要的。

脱蜡过程 设备的腐蚀问题随着材料化学的发展能够得到较好的解决，但在生产中仍要加强对车间的现场管理，保持设备表面清洁。保护层的防腐作用只有在保持完好的情况下才能可靠地防腐，否则腐蚀性介质将通过覆盖层的孔隙和损坏部分，渗到主体金属部件而造成腐蚀。对于所需添加的化学试剂应先进行小样品实验，确定加入的量及合适的加入条件，提高产品的安全性。

第六讲

蔬菜生产加工与运输安全

话题1　蔬菜品种及制品

我国的蔬菜品种

蔬菜是城乡居民生活必不可少的重要农产品，是人体健康所必需的维生素、膳食纤维和矿物质的主要来源。我国的蔬菜生产有着悠久的历史，我国原产的蔬菜种类有很多，栽培的蔬菜种类约 50 个科近 300 种，普遍栽培的蔬菜有 50~60 种。

根菜类　主要以膨大的肉质根为食用部分的蔬菜，如萝卜、胡萝卜、根芥菜、芜菁、牛蒡、根恭菜等。

白菜类　以柔嫩的叶片、叶球、花薹、肉质茎为食用部分的十字花科蔬菜，按植物形态分为大白菜、白菜、乌塌菜、菜薹、薹菜等。

甘蓝类 以柔嫩的叶球、花球、花薹、肉质茎为食用部分的十字花科蔬菜，按植物形态分为甘蓝、花椰菜、青花菜、芥蓝等。

茄果类 以果实为食用部分的茄科蔬菜，如茄子、番茄及辣椒等。

瓜类 以果实为食用部分的葫芦科蔬菜，如南瓜、黄瓜、西瓜、甜瓜、瓠瓜、冬瓜、丝瓜、苦瓜等。

瓜类要求较高的温度及充足的阳光。西瓜、甜瓜、南瓜根系发达，耐旱性强。其他瓜类根系较弱，要求湿润的土壤。

豆类 豆类包括菜豆、豇豆、毛豆、扁豆、豌豆及蚕豆等。

叶菜类 以幼嫩的绿叶或嫩茎为食用部分的蔬菜，主要有莴苣、芹菜、菠菜、茼蒿、苋菜、蕹菜等。

葱蒜类 以鳞茎（叶鞘基部膨大）、假茎（叶鞘）、管状叶或带状叶为食用部分的蔬菜，如洋葱、大蒜、大葱、韭菜等。葱蒜类根系不发达，吸水吸肥能力差，要求肥沃湿润的土壤，一般较耐寒。

薯芋类 以地下块根或块茎为食用部分的蔬菜，如马铃薯、芋头、山药、姜、草石蚕、菊芋、豆薯等。这些蔬菜富含淀粉，耐储藏，要求疏松肥沃的土壤。

水生蔬菜类 包括藕、茭白、慈姑、荸荠、菱角、水芹等生长在沼泽地区的蔬菜。水生蔬菜类宜在池塘、湖泊或水田中栽培。

多年生蔬菜和杂类蔬菜 多年生蔬菜如金针菜、石刁柏、百合、竹笋、香椿等，一次繁殖以后，可以连续采收数年。杂类蔬菜包括甜玉米、黄秋葵、芽苗菜、野生蔬菜等。

芽苗菜类 指利用植物的种子和其他营养器官，在遮光或不遮光的条件下，直接生长出可供食用的幼芽、芽苗、幼梢、幼茎等，如黄豆芽、豌豆苗、芽球菊苣、香椿芽等。

食用菌类 可供食用的菌类，如香菇、草菇、木耳、金针菇等。

特种蔬菜 特种蔬菜（特菜）一般解释为珍贵稀少的蔬菜，外观、品质、营养、风味有别于一般蔬菜品种，即外观新颖、品质优良、营养丰富、风味特别。诸如荷兰小黄瓜，塔形菜花，韩国的紫菜花、长白萝卜，以色列的彩色大椒、耐储型加工番茄，日本的小松菜、三叶芹，泰国的微型冬瓜、节瓜，南菜北种的各种油麦菜、包心芥、肉质芥蓝、叶用枸杞，人工栽培的野生苦荬菜、马兰头、山野菜、大叶马齿苋、河芹菜和一些反季节种植的耐抽薹春种玉笋萝卜、黄心白菜、红心白菜等。

我国主要蔬菜产品类型

速冻蔬菜 速冻蔬菜系指以新鲜蔬菜为原料，经漂洗、浸烫、冷却、速冻、整理等加工处理的产品。因其能较大程度地保持蔬菜原有的特性、色泽、味道、香味，又可较长时期地储存，故在一些国家有着广泛的市场，是我国20世纪70年代发展起来的商品，种类繁多，出口量逐年增多。

浸烫工艺要求高温短时，以破坏蔬菜中各种酶的活性，防止褐变，保持原有色泽，做到既灭菌，又不过多地破坏维生素。冻结温度在 -35℃以下，冻结速度要快。

脱水蔬菜 脱水蔬菜是经过人工加热脱去蔬菜中大部分水分后而制成的一种干菜。食用时不仅味美、色鲜，而且能保持原有的营养价值。脱水蔬菜比鲜菜体积小、质量轻，入水便会复原，运输食用方便等，倍受人们的青睐。干制方法有自然干燥和人工干燥。

蔬菜汁 蔬菜汁是以新鲜蔬菜为原料，经压榨而取得的汁液。大部分蔬菜都可以加工成蔬菜汁，如胡萝卜、芹菜、芦笋、莴苣、甘蓝、萝卜、甜玉米、菠菜、黄瓜、番茄、酸菜等。蔬菜汁的生产，同时也是一种调节蔬菜淡旺季供应的手段，在蔬菜淡季时饮用或用它来烹饪菜肴佐餐，既满足了人们需要，又方便了人们生活。

腌制蔬菜　按照腌制方法的不同可分为两类。一类是利用蔬菜上带有的乳酸菌、酵母菌等微生物，进行乳酸发酵、酒精发酵等制成，不仅咸酸适度，味美嫩脆，增进食欲帮助消化，而且可以抑制各种病原菌及有害菌的生长发育，延长保存期，如四川泡菜等。另一类就是普通的咸菜，即蔬菜清洗干净后加入大量的食盐（NaCl）腌制而成，如腌制的雪里蕻和芥菜等。

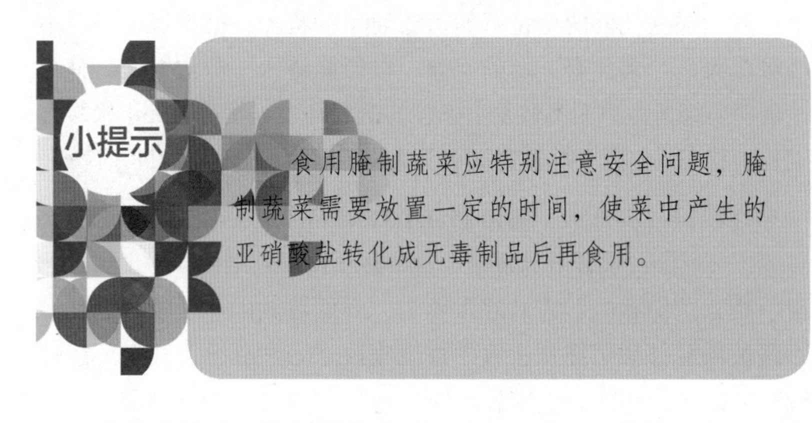

食用腌制蔬菜应特别注意安全问题，腌制蔬菜需要放置一定的时间，使菜中产生的亚硝酸盐转化成无毒制品后再食用。

蔬菜罐头　将新鲜蔬菜经过处理、分选、修整、烹调（或不经烹调）、装罐（包括马口铁罐、玻璃罐、复合薄膜袋或其他包装材料容器）、密封、杀菌、冷却而制成的具有一定真空度的罐藏食品。

话题 2　蔬菜的储藏与运输

蔬菜假植储藏方法

假植储藏是蔬菜特有的一种简易储藏的形式，是将蔬菜连根收获，单株或成簇假植，只假植一层，株行间要留适当空隙，以便通风。根据气候的变化有的需要简单的覆盖，但覆盖物一般不接触蔬菜，与菜面有一定的空隙，以便能透入一些散射光。整个储藏期要维持冷凉而不致发生冻害的低温环境，使蔬菜处于极缓慢生长的状态。土壤干燥时要浇水，以补充土壤水分，还有助于降温。

在我国北方地区，假植储藏主要用于芹菜、油菜、花椰菜、莴笋、乌塌菜、水萝卜等蔬菜。这些蔬菜由于其结构和生理特点，用一般方法储藏时，容易脱水萎蔫，降低蔬菜的品质及耐储性，而假植储藏使蔬菜能从土壤中继续吸收水分和养分，甚至还能进行微弱的光合作用，能够较长时期地保持蔬菜的新鲜品质，以便随时食用或上市销售。

大白菜的储藏

适宜大白菜的储藏温度为 -1~1℃，相对湿度为 85% ~90%。收获期对大白菜储藏很重要，应根据当地条件适时采收。在品种选择上，一般选择晚熟的品种作为储藏对象。储藏方式包括：堆藏、窖藏和冷库储藏。

小提示

相对湿度过低容易使蔬菜萎蔫失水，相对湿度过高易加速蔬菜的腐烂。收获过早，气温较高，对储藏不利，同时也影响产量；收获过晚，气温低，易使叶球在田间受冻。

番茄的储藏

绿熟果实适宜的储藏温度为10~12℃。红熟果实适宜的储藏温度为0~2℃，相对湿度为85%~90%，O_2和CO_2浓度均为2%~5%。若用于长期储藏应选用绿熟果实。简易气调储藏番茄目前在生产中比较多用。在10~13℃下，控制塑料袋中O_2和CO_2均为2%~5%，结合防腐处理，可储藏30~45天。

不同成熟度果实的储藏温度存在差别的原因：番茄原产于南美洲热带地区，不能耐受低温，若在低温条件下放置时间过长，则会导致冷害的发生。冷害可导致番茄不能正常成熟，也就是绿熟果实即使放到常温下也不能转红。而红熟番茄则不存在这个问题。

辣椒的储藏

不同辣椒品种的耐储藏性差异较大，一般色深肉厚、皮坚光亮的晚熟品种较耐储藏。采收时要选择果实充分膨大、皮色光亮，萼片及果梗呈鲜绿色，无病虫害和机械伤的完好绿熟果。采摘辣椒时，捏住果柄摘下，防止果肉和胎座受伤。储藏时把辣椒放入0.03~0.04 mm厚的聚乙烯辣椒保鲜袋内，每袋装10 kg，然后将其有顺序地放入库内的菜架上。也可将保鲜袋装入果箱，折口向上，然后将果箱码起，保持库温在8~10℃，相对湿度为80%~90%。储藏期间定期通风，排除不良气体。此法可储藏45~60天，效果良好。

辣椒是冷敏性果实，若储藏温度过低，则会出现冷害症状。

菜豆的储藏

用于储藏的菜豆，应选择荚肉厚、纤维少、种子小、锈斑轻、秋熟的品种。秋熟菜豆采收一般在早霜到来之前进行，收获后把老荚及带有病虫害和机械伤的挑出，选鲜嫩完整的豆荚储藏。菜豆可以进行简易气调储藏，具体操作步骤为：在9℃ ±1℃的冷库中先将菜豆预冷，待菜豆温度与库温基本一致时，用厚度为0.015 mm PVC（聚氯乙烯）塑料袋包装，每袋5 kg左右，将袋子单层摆放在菜架上，保鲜效果良好。也可将预冷的菜豆装入衬有塑料袋的筐或箱内，折口存放。

菜豆也是冷敏性果实，若储藏温度过低，同样会出现冷害症状。菜豆对 CO_2 较为敏感，1%～2% 的 CO_2 对锈斑会产生一定的抑制作用，但超过 2% 时会使菜豆锈斑增多，甚至发生 CO_2 中毒。储藏过程中，应注意经常通风换气，防止袋内 CO_2 浓度过高。

蒜薹的储藏

采收适期为蒜苞开始弯曲时。采前 7~10 天停止灌水，雨天和雨后采收的蒜薹不宜储藏。采收后，在阴凉通风处加工整理，有条件的最好放在 0~5℃的预冷间，在预冷过程中进行选条、捆把和修剪。

● **选条**　解开薹梢，理顺薹茎，扒掉残留的叶鞘，剔除不宜储藏的伤条、病条、开苞条、退色条、软条等薹条。

● **捆把**　将选好的薹条薹苞对齐，用聚丙烯塑料纤维绳捆在薹苞以下 3~5 cm 处的薹茎部位，每捆质量为 1.0~1.5 kg。捆把不可太紧，以免勒伤蒜薹。

● **修剪**　剪去薹条基部老化的薹白，老化到哪里就剪到哪里，茎部剪口处要整齐新鲜。凡基部干萎、断口不整齐、呈斜面或鼠尾状的必须剪掉，剪口要与薹条垂直，不要剪成斜面。若断口新鲜整齐，或断口已形成愈伤组织可以不剪，薹梢剪留长度 10~12 cm。加工好的蒜薹定量放入周转箱内，立即送入冷库上架预冷。蒜薹不宜在阴棚下长期堆放。

加工时间总计不得超过 24 h，为此，要运来一车加工一车。

包装 蒜薹一般使用硅窗气调袋进行简易气调储藏。要求架上预冷，架上装袋，不要架下装袋，这样既降低了劳动强度，又不易造成塑料袋破裂。喷过药且薹梢已干的蒜薹可装袋。装袋工人要修剪指甲，戴上手套，避免划破塑料袋。

装袋时一定要按要求理顺薹条，薹梢朝外，感官整齐。薹条要装到袋底，装口处尽量留出空隙，扎口处避免紧贴薹梢，以防薹梢贴膜引起霉变，一般要求袋口处有 5~10 cm 的空间，每袋装量要基本一致，以便袋内气体容量相同。装袋后临时将袋口挽起，以防止蒜薹失水和袋内结露积水。装袋结束后，库温、品温均降至接近储藏温度再扎封袋口，否则会造成袋内早期结露、湿腐。收口时袋内不可装气过多，也不可挤气过瘪，均匀收口，做到每袋盛气量基本一致，袋口扎紧不漏气。

马铃薯的储藏

马铃薯具有不易失水和愈伤能力强的特性，在收获后需经过一段休眠期，一般为 2~3 个月。马铃薯储藏的适宜温度为 3~5℃，适宜湿度为 80%~85%。储藏温度是延长马铃薯休眠期的关键因素，在适宜的低温下马铃薯休眠期长，特别是初期低温对延长休眠期有利。储藏方式有：堆藏、沟藏、窖藏和冷库储藏。

冬瓜、南瓜的储藏

冬瓜有青皮冬瓜、白皮冬瓜和粉皮冬瓜之分。青皮冬瓜的茸毛及白粉均较少，皮厚肉厚，质地较致密，不仅品质好，抗病能力也较强，果实较耐储藏。粉皮冬瓜是青皮冬瓜和白皮冬瓜的杂交品种，早熟质佳，也较耐储藏。南瓜品种主要有黄狼南瓜、盆盘南瓜、枕头南瓜、长南瓜等。黄狼南瓜质嫩耐糯、味极甜，盆盘南瓜肉厚而含水量较多，长南瓜品质中等。除枕头南瓜水少、质粗、品质差而不宜储藏外，其他 3 个品种均耐储藏。

冬瓜和南瓜储藏的最适温度为 10~13℃，若温度低于 10℃，则会发生冷害。适宜的空气相对湿度为 70%~75%。由于这些储藏条件在自然条件下容易实现，因此常采取窑窖或室内储藏。

蔬菜的运输

包装　为了方便装载、运输和销售，需要对新鲜蔬菜进行包装，包装材料和容器应清洁、无毒、无污染、无异味，具有一定的防潮、抗压性，节能、环保，可回收利用或可降解。常用的包装材料有：①纸板或纤维板箱子、盒子、隔板、层间垫等；②木制箱、柳条箱、篮子、托盘、货盘等；③纸质袋、衬里、衬垫等；④塑料箱、盒、袋、网孔袋等；⑤泡沫箱、双耳箱、衬里、平垫等。

运输装备及方式　根据蔬菜的品类、价值和目的地等选择运输装备和运输方式，可采用保温车和冷藏车，用于维持经过预冷的蔬菜的温度和相对湿度，方便在炎热或寒冷气候条件下进行长途运输。炎热温度下，冷藏温度可达 2℃。运输方式有冷藏拖车和货运集装箱运输，适用于货架期 1 周及以上的蔬菜，易腐烂的蔬菜可采用运输时间较短的空运方式。

装货前的准备　蔬菜装货前要检查运输装备的卫生情况、设备完好及维修情况，应满足所载产品的需求。需要冷链运输的产品在装货前应进行预冷。货舱应预冷到推荐的储藏和运输温度。装运不同品种蔬菜时，一定要确定这些品种能够相容。不能与可能受到臭气或有毒化学残留物污染的货品混装在一起。

装货　基本装货方法包括机械或人工装载大量的、未包装的散装产品，货盘起重机、叉式升降机等对逐层装载的或货盘装载的集装箱进行整体装载，人工装载使用货盘或不使用货盘的单个集装箱。整体装载应使用托盘或隔板。箱子之间应有纤维板、塑料或线状垂直内锁带，箱子应有孔以利于空气流通。装货时应对货盘进行固定，防止运输、搬运过程中货品受震动和挤压而破坏。

蔬菜装货后运输前确保货舱封闭，需要时可以向货舱充入空气以降低氧气浓度，提高二氧化碳和氮气浓度。运输中保持货舱内温度和相对湿度，在温度最高区域的包装箱之间，应配备温度监控记录设备。湿度高于95%时，温度监控记录设备应防水或密封在塑料袋中。记录应包括所载货品种类、开启记录仪时间、记录结果、校准和验证等。

话题3　蔬菜病害与防治

什么是蔬菜的霜霉病

霜霉病是由真菌中的霜霉菌引起的植物病害。霜霉病的发生和流行与温度、湿度、播种期、品种抗病性、栽培管理等有关。霜霉孢子萌发温度为8~12℃，侵入适温为16℃，侵入后菌丝体在菜株体内生长适温为20~24℃，尤其是气温24℃时，不仅有利于病菌的生长发育，也有利于病斑的形成。孢子囊的形成要有水滴或露水。因此，阴雨天气、空气湿度大或结露时间长时，此病易流行。

白菜感染霜霉病后的症状：叶片被霜霉侵害时，最初在叶片正面产生淡绿色病斑，后逐渐扩大，色泽由淡绿转为黄色至黄褐色，因受叶脉限制而成多角形或不规则形，在叶片背面的病斑上产生白色霜状霉，病斑后期变褐色。在空气潮湿时，病情急剧发展，病斑数目迅速增加，叶片背面布满白霉，最后叶片变黄、干枯。

什么是蔬菜的软腐病

软腐病是由致病菌引起的植物病害，在每种蔬菜上都可发生，病菌由植株伤口侵入寄主。发病时植物组织萎蔫腐烂，病菌随残体遗留在土壤或肥料中越冬，或在一些昆虫体内越冬，是重要的初侵染源。自然传播媒介是昆虫、雨水、灌溉水。

白菜感染软腐病后的症状：发病初期从外面看不出什么症状，随病情发展，植株外围叶片在阳光照射时顶端萎垂，日落又能恢复正常；经过几天的反复，外围叶片不能恢复，露出叶球。发病严重的植株，结球小，叶柄基部和根茎处心髓腐烂，根茎充满灰黄色黏稠物，臭气四溢。

什么是蔬菜的冷害

冷害是蔬菜在低温中表现出的生殖代谢不适应的现象，又称低温伤害。常见症状是植物组织上出现凹陷斑点、水渍状病斑，或植物组织萎蔫，不能正常成熟，蔬菜风味变劣，出现异味甚至臭味，加速腐烂。各种蔬菜冷害症状有所区别。冷害症状通常是蔬菜处于低温下出现的，但有时在低温下症状并不明显，移到常温后反而很快腐烂。

为减轻冷害的损失，应避免在冷害温度下储藏蔬菜。如采前已受到冷害温度的影响，采后宜短时间内放在较温暖处，或用缓慢回温的方法，可防止出现冷害症状。储运中遇到冷害温度，用变温或间歇加温处理也可延缓冷害症状的出现。如果蔬菜已严重受到冷害影响，应维持原来的库温或比原库温稍低，并尽快出库销售。

植物遭受冷害的原因主要是细胞膜系统被破坏，膜的相变使正常的代谢受阻，导致冷害症状出现。

二氧化碳和低氧对蔬菜的伤害

● 蒜薹受到二氧化碳伤害后前期表现为薹梗上出现小黄斑，以后逐渐扩大为下陷的圆坑或不规则的坑，陷坑的进一步发展，使薹梗软化，或陷坑扩大使薹梗折断，薹苞由绿色变为灰白色，进而发展为水渍状，色暗透明，有浓厚的酒味和异味。

● 菜豆对二氧化碳极敏感，在浓度高于 2% 条件下，锈斑病严重发生，并致组织坏死。

● 二氧化碳浓度高于 7% 时，会致黄瓜明显伤害，内部褐变，导致腐烂。

防止二氧化碳伤害的方法：二氧化碳应该控制在较低浓度范围内，平时注意对库内进行通风换气，防止二氧化碳浓度积聚过多。另外，也可以在库内放置消石灰，以对过多的二氧化碳进行吸收。

● 蔬菜受到低氧伤害和二氧化碳伤害的症状比较相似，遭受低氧伤害的蔬菜表皮产生局部下陷和褐色斑点，有的不能正常成熟，并产生异味。

● 马铃薯在低氧下会产生黑心。茄子在低氧下，表皮产生局部凹陷并变为褐色。

蔬菜病害的控制方法

蔬菜在储藏、运输过程中应及时预冷，及时清除带有病害及机械伤的蔬菜，合理应用防腐保鲜剂，选择合适的包装材料，采取冷链运输等。针对不同蔬菜产品的生理特性，还应选择适宜的储藏温度、湿度及氧气和二氧化碳浓度，此外，要确定适宜的贮藏时期等。蔬菜在采收、运输、储藏和销售过程中，要防止机械伤害。

1. 物理防治

主要是控制储藏温度和气体成分，采后对蔬菜进行热处理或辐射处理。

低温 可明显地抑制病菌孢子萌发、侵染和致病，同时还能抑制蔬菜呼吸和生理代谢，延缓衰老，提高蔬菜的抗性。蔬菜储藏温度的确定以蔬菜不产生冷害的最低温度为宜。

适宜的氧气和二氧化碳浓度 气调储藏期间或运输过程中，都应根据不同品种的特性，控制适宜的氧气和二氧化碳浓度。

采后热处理 可有效防治蔬菜的某些采后病害，热处理有利于保持果实硬度，加速伤口的愈合，减少病菌侵染，热水中加入杀菌剂或氯化钙还有增效作用。

辐射处理 如紫外线处理能减少番茄等果实的采后腐烂，用 254 nm 的短波紫外线可诱导蔬菜产品的抗性，延缓果实成熟，降低对灰霉病、软腐病、黑斑病等的敏感性。

2. 生物防治

主要是利用微生物之间的拮抗作用，选择对蔬菜不造成危害的微生物来抑制引起蔬菜采后腐烂的病原真菌的生长。

3. 化学防治

如果病原菌已经传播蔓延，在不十分严重的情况下，可通过化学药剂进行熏蒸、喷洒或浸泡蔬菜产品，直接杀死病原菌。化学药剂一般具有内吸或触杀作用，使用方法有喷洒、浸渍和熏蒸。在发病比较严重的情况下，应考虑产品早期出库。

第七讲 果品生产加工与运输安全

话题1　果品采摘与商品化处理

我国主要水果种类

仁果类　仁果的果实中心有薄壁构成的若干种子室，室内含有种仁。可食部分为果皮、果肉。仁果类水果有苹果、梨、山楂等。

核果类　核果是果实的一种类型，属于单果，常见于蔷薇科、鼠李科等植物中，如桃、樱桃、杏、枣等。核果由子房上部的单心皮雌蕊发育而来。外果皮薄，中果皮常肥厚多汁，内果皮呈木质，质地坚硬，可以很好地保护其中包裹的种子，是核果独有的特征。内果皮中通常只有一颗种子。

坚果类 坚果为开花植物或被子植物成熟后的子房。人们习惯上把裹着坚硬外壳的诸多植物种子统称为坚果，如核桃、板栗、山核桃、松子、椰子等。

浆果类 浆果简单地讲就是水分含量很高，果肉呈浆状的一类水果，如葡萄、草莓、木瓜、猕猴桃、桑葚、番木瓜等。

水果的采后商品化处理

1. 采收

机械采收 机械采收适于那些成熟时果梗与果枝间形成离层的果实，一般使用强风或强力振动机械，迫使果实从离层脱落，在树下铺垫柔软的帆布垫或设置传送带承接果实并将果实送至分级包装机内。机械采收的主要优点是采收效率高，节省劳动力，降低采收成本。

人工采收 鲜销和长期储藏的果品最好人工采收。人工采收灵活性强，机械损伤少，可以针对不同的产品、不同的形状、不同的成熟度，及时进行采收和分类处理。

小提示

人工采收果品时的注意事项

果品的采收时间应选择晴天、露水干后进行。不同种类的果品采收时间有差异，如葡萄在晴天上午晨露消失后进行采收，有利于降低果实的膨压，减少果皮破裂，防止微生物侵染。阴雨连绵时采收对所有果实都不

利。

应分期、分批采收同一植株上的果实。由于花期或果实所处的光照和营养状况不同，成熟早晚各有差异，在采收果品时，应按照“先下后上，先外后内”的原则进行。

采收人员应剪短指甲或戴上手套再操作，轻拿轻放，保证产品的完整性。采后应避免日晒雨淋，及时分级、包装、预冷、运输或储藏。

人工采收前应该准备采收梯、采收袋、采收剪和采收筐，如图 7—1 所示。

采收梯

采收袋

采收剪

采收筐

图 7—1　人工采收工具

2. 清洗

果品由于受生长或储藏环境的影响，表面常带有大量泥土污物，严重影响其外观，所以果品在上市销售前常需进行清洗。在清洗过程中应注意清洗用水必须清洁。

果品清洗后，清洗槽中的水含有高浓度的真菌孢子，需及时换水。清洗槽的设计应做到便于清洗，可快速简便地排出或灌注用水。另外，可在水中加入漂白粉或50~200 mL的氯消毒，以防止病菌的传播。

3. 杀菌剂处理

利用杀菌剂防腐是一种经济、高效和简便的控制果品病害的方法，但一种药剂往往只能控制某些特定种类果品的采后病害，因此要根据果品种类及易发生病害的种类，选用高效、无害的抑菌剂。如可选用蒂腐灵（1 000倍）+ 施保克（2 000倍）处理，最好将果品在热药液中浸泡5 min。杀菌剂处理后再用果蜡处理。

4. 分级

分级是果品商品化、标准化的重要手段，并便于果品的包装、运输及市场的规范化管理。由于不同果品供食用的部分不同，成熟标准不一致，所以没有固定的分级规格标准。在许多国家，果品的分级通常是根据坚实度、清洁度、大小、重量、颜色、形状、成熟度、新鲜度，以及病虫感染和机械损伤等多方面因素进行。在我国，一般是在果品的形状、新鲜度、颜色、品质、病虫害、机械伤等方面已经符合要求的基础上，按大小和重量进行分级。

小知识

分级的作用

◆通过分级可使果品等级分明，规格一致，方便包装、销售，贯彻优质优价的原则。

◆在分级的同时可剔除病虫伤果，减少储运过程中的腐烂损耗。

◆通过分级，对于残次果，就地销售或加工处理，减少浪费现象。

5. 预冷

预冷就是将果品温度迅速降低到规定温度的操作过程。果品采摘后仍具有生命力，若不及时处理，呼吸作用将导致果实品质迅速下降。预冷可以降低果品的呼吸作用，延缓其成熟衰老的速度，从而提高果品的品质。如今，预冷已经成为果品采后不可或缺的一个环节。

预冷的作用

◆除去田间热，迅速降低果品温度。

◆控制果品采后生理变化速度。

◆减少微生物的侵染和营养成分的损失。

自然降温冷却 自然降温冷却是将采后的果品放在阴凉通风的地方，使其自然散热的冷却方式。这种方式冷却的时间较长，受环境条件影响大，而且难以达到果品所需要的预冷温度。但是在没有更好的预冷条件时，自然降温冷却仍然是一种应用较普遍的方法。

水冷却 水冷却是用冷水冲淋果品，或者将果品浸在冷水中，使果品降温的冷却方式。由于果品的温度会使水温上升，因此，冷却水的温度在不使果品受冷害的情况下要尽量低一些，一般为0~1℃。

冷库空气冷却 冷库空气冷却是将果品放在冷库中降温的冷却方式，是一种简单的预冷方法。苹果、梨、柑橘等都可以短期或长期储藏在冷库内进行预冷。

● 强制通风冷却　强制通风冷却是在包装箱堆或垛的两个侧面造成空气压力差而进行的冷却方式。当压差不同的空气经过货堆或集装箱时，会将果品散发的热量带走，达到冷却的目的。

● 包装加冰冷却　包装加冰冷却是一种古老的方法，就是在装有果品的包装容器内加入细碎的冰块。它适于那些与冰接触不会产生伤害的果品或需要在田间立即进行预冷的果品，一般采用顶端加冰，如图 7—2 所示。

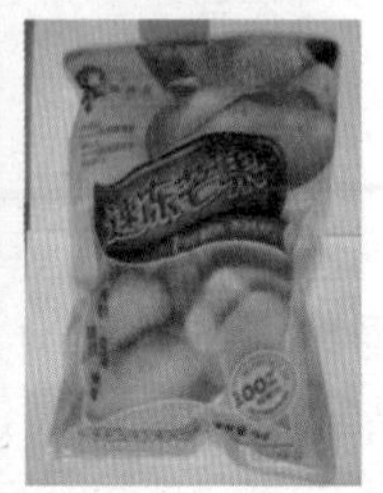

图 7—2　包装加冰冷却水果

6. 包装

果品包装是增加和实现果品价值的一种手段，是果品进入流通领域的必备条件。果品包装是实现标准化、商品化，保证安全运输和储藏的重要措施。

包装对水果的作用

◆通过包装能改善果品外观，提高果品在市场的竞争力。

◆通过包装可防止有害病菌在果品间的传播蔓延，减少腐烂。

◆通过包装可减少果品内水分的过度蒸发，有助于果品保持新鲜状态。

◆果品包装后，还能减少果品之间的碰撞、挤压、摩擦，减少机械损伤。

7. 运输

在运输时，需防止包装移动和限制码堆负荷，不宜堆叠过高，以利于空气流通，并防止负荷压坏包装。

话题 2　果品的储藏与运输

果品堆藏方法

首先选择地势较高的地方，将果品就地堆成圆形或长条形的垛，也可堆成屋脊顶形，以防止倒塌，或者装筐堆成 4~5 层的长方形。堆内要注意留出通气孔，通风散热。根据气温变化，分层加盖覆盖物，随着外界气候的变化，逐渐调整覆盖的时间和厚度，以维持堆内适宜的温度和湿度，并应注意防冻、防风、防雨。常用的覆盖材料有苇席、草帘、作物秸秆、松针、土等，一般就地取材。在储藏初期，白天气温较高时覆盖，晚上打开放风降温，当果品温度降到接近0℃时，则随着外界温度的降低增加覆盖物的厚度，防止果品受冻。

堆藏使用方便，成本低，覆盖物可以因地制宜，就地取材。这种储藏方式一般用于入库前的预冷或短期储藏。堆藏是在地面上直接堆积，受外界气候影响较大，如冬季保温较为困难，储藏的效果在很大程度上取决于堆藏后对覆盖物的管理，应根据气候的变化及时调整覆盖物的厚度等。

果品沟（埋）藏方法

沟（埋）藏方法是将采收后的果品在田间挖沟埋藏，预储降温，除去果实的田间热，降低呼吸热。

沟（埋）藏的特点 沟（埋）藏使用时可就地取材，成本低，并且可充分利用土壤的保温、保湿性能，使储藏环境有一个较恒定的温度和相对稳定的湿度。

沟（埋）藏沟的要求 沟（埋）藏沟为长方形，方向应根据当地气候条件而定。在寒冷地区为减少严冬寒风的直接袭击，以南北长为宜；在较温暖地区，为了增大迎风面，加强储藏初期和后期的降温作用，以东西长为宜。沟的长度应根据储量而定。沟的深度一般以 0.8~1.8 m 为宜，寒冷地区宜深些，过浅果品易受冻；温暖地区宜浅些，防止果品伤热腐烂。沟的宽度一般以 1.0~1.5 m 为宜，它能改变气温和土温作用面积的比例，尤其储藏初期和后期果蔬容易发热，对储藏效果影响很大。加大宽度，果品储藏的容量增加，散热面积则相对减少。

沟（埋）藏的方法 按要求挖好储藏沟，在沟底平铺一层洁净的干草或细沙，将经过严格挑选的果品小心地分层放入，也可整箱整筐放入。对于容积较大较宽的储藏沟，在中间每隔 1.2~1.5 m 插一捆秸秆，或在沟底设置通风道，以利于通风散热。随着外界气温的降低逐步进行覆土。为观察沟内的温度变化，可用竹筒插一支温度计，随时掌握沟内的情况。最后沿储藏沟的两侧设置排水沟，以防外界雨、雪水的渗入。

果品窖藏方法

窖藏（图 7—3）是在沟藏的基础上演变和发展起来的一种储藏方式，形式多种多样，有代表性的如棚窖、井窖、窑窖、通风库。

图 7—3 窖藏水果

与沟藏方式相比，它配备了一定的通风、保温设施，不仅可以调节和控制窖内的温度、湿度、气体成分，而且管理人员可以自由进出检查产品。

小知识

窖藏的管理方法

在果品入窖前，要对窖内进行彻底的清扫并消毒。消毒可用硫黄熏蒸（0.01 kg/m^3），也可用1%的甲醛溶液喷洒，密封两天通风换气后使用。储藏所用的篓、筐等，使用前用0.05%~0.5%漂白粉溶液浸泡半小时，然后用毛刷刷洗干净，晾干后使用。

果品经挑选预冷后即可入窖储藏。窖内堆码时，果品与窖壁、果品与果品、果品与窖顶之间应留有一定的间隙，以便翻动和空气流动。

整个储藏期分三个阶段管理。入窖初期，要在夜间全部打开通气孔，引入冷空气，达到迅速降温的目的。储藏中期，主要是保温防冻，应关闭窖口和通气口。储藏后期严冬已过，应选择在温度较低的早晚通风换气。随时检查产品，发现腐烂果品，及时除去，以防交叉感染。

果品全部出窖后应立即将窖内打扫干净，同时封闭窖门和通风孔，以便秋季重新使用时窖内保持较低的温度。

果品通风库储藏方法

通风储藏库多建成长方形或长条形，为了便于管理，库容量不宜过大。目前我国各地发展的通风储藏库，通常跨度为5~12 m，长为30~50 m，库内高度一般为3.5~4.5 m，库顶有拱形顶、平顶、脊形顶。如果要建一个大型的储藏库，可分建若干个库组成一个库群，北方寒冷地区大多将库房分为两排，中间设中央走廊，宽度为6~8 m，库房的方向与走廊垂直，库门开向走廊，走廊的顶盖上设有气窗，两端设双重门，以减少冬季寒风对库内温度的影响。温暖地区的库群以单设库门为好，以便利用库门通风换气。

小知识

通风库储藏管理方法

每次清库后，要彻底清扫库房，一切可移动、拆卸的设备、用具都搬到库外进行日光消毒。

各种果品最好先包装，再在库内堆成垛，或放在储藏架上，垛四周要留出空隙，便于通气。秋季产品入库之前，应充分利用夜间冷空气，以尽可能降低库体温度。入储初期，以迅速降温为主，应将全部的通风口和门窗打开，必要时还可以用鼓风机辅助。实践证明，在排气口装风机将库内空气抽出，比在进气口装吹风机向库内吹风要好。随着气温的逐渐下降应缩小通风口的开放面积，到最冷的季节关闭全部进气口，使排气筒兼进、排气作用，或缩短放风时间。

果品机械冷藏方法

机械冷藏是在利用良好隔热材料建筑的仓库中，通过机械制冷系统的作用，将库内的热量传送到库外，使库内的温度降低并保持在有利于延长产品储藏期的温度水平的一种储藏方式。

1. 适宜的温度

大多数新鲜果品在入储初期降温速度越快越好，入库产品的品温与库温差别越小，越有利于快速将储藏产品冷却到最适储藏温度。

在选择和设定适宜储藏温度的基础上，应维持库房中温度的稳定。储藏过程中温度的波动应尽可能小，最好控制在 ±0.5℃以内，尤其是相对湿度较高时更应注意降低温度波动幅度。

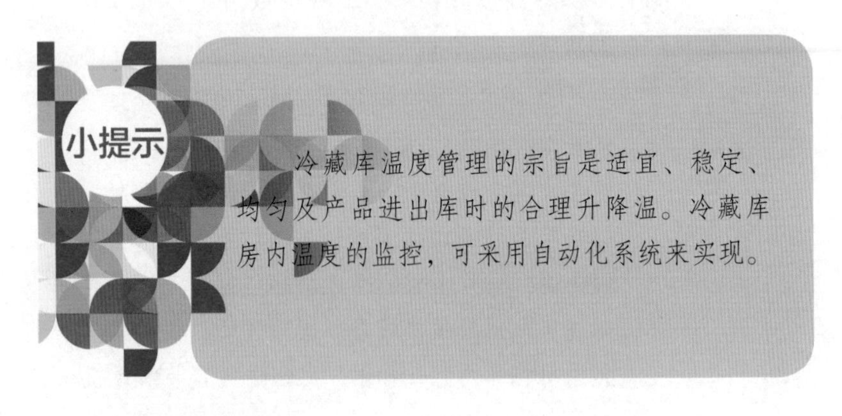

冷藏库温度管理的宗旨是适宜、稳定、均匀及产品进出库时的合理升降温。冷藏库房内温度的监控，可采用自动化系统来实现。

2. 适宜的湿度

对于绝大多数新鲜果品来说，相对湿度应控制在 80%~90%，较高的相对湿度对于控制新鲜果品的水分十分重要。

新鲜果品的储藏也要求相对湿度保持稳定。要保持相对湿度的稳定，维持温度的恒定是关键。

当相对湿度低时应对库房增湿，如地面洒水、空气喷雾等。当相对湿度过高时，可用生石灰、草木灰等吸潮，也可以通过加强通风换气来达到除湿的目的。

3. 保持通风换气

- 库房中空气循环及库内外的空气交换可能会造成相对湿度的改变，管理时应引起足够重视。
- 通风换气是机械冷藏库管理中的一个重要环节。
- 通风换气的频次及持续时间视储藏产品的数量、种类和储藏时间的长短而定。对于新陈代谢旺盛的产品，通风换气的次数要多一些。产品储藏初期，可适当缩短通风间隔的时间，如 10~15 天换气一次。当温度稳定后，通风换气可一个月一次。
- 通风时要求做到充分彻底。
- 通风换气时间的选择要考虑外界环境的温度和湿度，理想的条件是在外界温度和储温一致时进行，防止库房内外温度不同，使库内过热或过冷对产品带来不利影响。生产上常在每天温度相对最低的晚上到凌晨这一段时间进行通风换气。雨天、雾天等外界湿度过大时不宜通风，以免库内湿度变化太大而带来不利影响。

新鲜果品在储藏过程中，要进行储藏条件（温度、湿度、气体成分）的检查和控制，并根据实际需要记录和调整。对储藏的产品要进行定期检查，了解产品的质量状况，做到心中有数，发现问题及时采取相应的解决措施。

果品气调储藏方法

气调储藏（CA 储藏）即调节气体成分储藏，是调节控制果品储藏环境中气体成分的冷藏方法。它是一种减少环境中的氧气，增加二氧化碳的综合质量控制方式，除控制储藏环境的温度、湿度外，还同时控制气体条件，形成有利于保持果品品质的综合环境，被认为是当前储藏果品效果最好的储藏方式。

正常空气中氧气和二氧化碳的浓度分别为 20.9% 和 0.03%，降低氧气浓度，增加二氧化碳浓度，改变环境中气体浓度组成，将使果品的呼吸作用受到抑制，进而降低呼吸强度，推迟呼吸峰出现的时间，延缓新陈代谢速度，推迟成熟衰老，减少营养成分和其他物质的降低和消耗，有利于果品新鲜质量的保持。较低的氧气浓度和较高的二氧化碳浓度能抑制乙烯的生物合成，削弱乙烯生理作用的能力，有利于新鲜果品储藏寿命的延长。适宜的低氧气和高二氧化碳浓度具有抑制某些生理性病害和病理性病害发生、发展的作用，减少产品储藏过程中的腐烂损失，以低氧气和高二氧化碳浓度的效果在低温下更显著。因此，气调储藏能更好地保持果品原有的色、香、味、质地特性和营养价值，有效地延长果品的储藏和货架寿命。

果品保鲜剂储藏方法

利用涂膜处理保鲜果品 涂膜处理是在采摘后的果品表面人工涂被一层薄膜，起到延缓代谢、保护组织、美化商品的作用。涂膜是一种简便且有类似气调作用的处理。通常用蜡（石蜡、蜂蜡、虫蜡）、天然树脂（虫胶）、脂类（棉籽油）、明胶等造膜物质制成适当浓度的水溶液或乳液，施于果品表面，形成一层透明被膜。

利用化学防腐剂保鲜果品 果品采摘后可用一些化学防腐剂处理，以减少果品储藏过程中的病腐损失。目前应用的化学防腐剂主要有仲丁胺、托布津、多菌灵等。

利用乙烯脱除剂保鲜果品 一些呼吸跃变型果品，如苹果、香蕉、番茄等，在采后储运中，对乙烯气体很敏感，容易受低浓度乙烯刺激，诱发果品迅速后熟。在采收后1~5天内施用乙烯脱除剂，可以抑制其呼吸作用，延长其储藏期。

利用气体调节剂保鲜果品 气体调节剂主要是用来调节影响果品储藏保鲜效果的 O_2 和 CO_2 气体浓度，以延长果品的储藏期。气体调节剂有脱 O_2 剂、脱 CO_2 剂、CO_2 发生剂等。

利用湿度调节剂保鲜果品 在果品储藏过程中，为保持一定湿度，可在薄膜包装的果品容器中，施用水分蒸发抑制剂和防结露剂，达到提高储藏效果的目的。

利用生理活性调节剂保鲜果品 生理活性调节剂指对植物

生长、成熟过程具有生理活性的物质，它或可刺激植物生长、成熟，或可调节植物生长、成熟。可利用生理活性调节剂在储藏过程中抑制果品呼吸代谢，延缓果品衰老过程。

利用气体发生剂保鲜果品　气体发生剂是挥发性物质或经化学反应产生的气体，这些气体能杀菌消毒或释放乙醇催熟果品。

辐射储藏果品方法

辐射储藏果品主要是利用钴 -60 为放射源，产生具有较强穿透能力的 γ 射线来照射果品。当其穿过生物机体时，会使其中的水和其他物质发生电离作用，产生游离基或离子，从而影响到机体的新陈代谢过程，高强度照射时可杀死细胞，从而杀死果品表面的各种病菌及发芽部位的细胞，延长果品储藏期。

果品运输要求

用于产品包装的容器如塑料箱、纸箱等要按照产品的规格进行设计，同一规格大小一致，包装容器应整洁、干燥、牢固、透气、美观、无污染、无异味，内壁无尖突物，无虫蛀、腐烂霉变等，纸箱无受潮、离层现象。塑料箱应符合《蔬菜塑料周转箱》（GB/T 8868—1988）的要求。

按照产品的规格分别包装，同一包装内的产品应摆放整齐紧密。每一包装上应标明产品名称、产品的标准编号、商标、生产单位（或企业）名称、详细地址、产地、规格、净含量和包装日期等，包装上的字迹应当清晰、完整、准确。

- 运输工具（车厢、船舱）等应符合卫生要求，清洁卫生，无异味，应具备防雨、防尘设施，根据不同水果的特点和卫生要求还应具备保温、保湿、冷藏、保鲜等设施。运输工具严禁与有毒、有害物品混运。运输作业应防止污染，避免强烈震荡、撞击，操作时应轻拿轻放，不使水果外形受损伤。果品待运时，应批次分明、堆码整齐、环境清洁、通风良好，尽量缩短待运时间。建立卫生制度，对运输工具定期清洗、消毒，保持运输工具洁净卫生。

话题 3　果品病害与防治

果品青霉病的防治

青霉菌所致的病变多发于苹果和柑橘类果品，主要发生在果实的伤口部位，病斑表面黄白色，稍凹陷，圆形或近圆形，果肉腐烂湿软，呈锥形往果心扩展。条件适宜时，十多天即可致全果腐烂，烂果肉会散发出很浓的霉臭味。温度较高时，病斑表面会长出小瘤状霉块，初期为白色，以后变为蓝绿色，上面覆有粉状物，即是病菌的分生孢子梗和分生孢子。在果品采摘和储藏过程中，可采用如下措施减少青霉菌感染：

- 尽量减少果实的机械伤。
- 入储前要严格挑选，剔除伤、残、病、虫果。
- 采收包装用工具和储藏场所要严格消毒。

入储前喷 500~1 000 mg/L 的托布津或多菌灵。

改善储藏条件，降低储藏温度，在气调中采用低温、低氧和高二氧化碳的气调成分指标，可抑制真菌的活动。

果品软腐病的防治

软腐病病菌在空气中广泛存在，多从果实伤口或其他病斑部位入侵，在 0~2℃时能缓慢发病，温度升高时，病斑扩展加快。果皮病斑呈水渍状，淡褐色，果肉腐烂变褐，形状不规则，条件适宜时，整个果实会很快烂掉。针对软腐病的防治，应注意以下几点：

- 采收不宜过晚，小心采摘、装运，避免擦伤、撞伤、压伤。
- 采收时，过熟果实不宜与正常成熟的果实混装在一起。
- 采后应预冷，24 h 内将温度降低到 10℃。
- 低温储运十分重要，温度通常应控制在 5~8℃。
- 保持通风换气，定期检查。

苹果苦痘病的防治

苹果苦痘病是果实含钙量较低及氮钙比较高引起的病变，也与成熟期气温高、干旱、水分失调、修剪过重、储期温度过高有关。发病初期果皮下果肉发生褐变，果面出现色稍暗的凹陷圆斑，绿色品种的苹果圆斑呈深绿色，红色品种的苹果圆斑呈紫红色。斑下果肉坏死干缩，深达果肉内数毫米至 1 cm，味微苦。此后病斑显著凹陷，变为深褐色至黑褐色。病斑发生部位靠近果顶，储藏初期 1~2 个月间发病最重。苹果苦痘病如图 7—4 所示。

图 7—4 苹果苦痘病

- **选用抗病品种和砧木** 生产中不同品种、砧木对苦痘病的感病性具有明显的差异，所以应当选用抗病品种和砧木。对发病严重的品种，采用高接抗病品种的方法以减轻危害。

改善栽培管理条件 合理修剪，适时采收，增施有机肥和绿肥，严防偏施和晚施氮肥，改良土壤，早春注意浇水，雨季及时排水，适时、适量地施用氮肥，防止过量铵态氮的积累。

叶面、果实喷钙 盛花期后隔 2~3 周喷 1 次钙，直到采收。红色品种的苹果在往年发病前 2~3 个月喷 150~200 倍液的氯化钙；黄色、绿色品种的苹果喷 4~6 次硝酸钙。但应注意，气温高于 21℃时易发生药害，喷洒前应试喷，以确定适当浓度。

增施钙肥 在苹果谢花后 30 天左右，每隔 15~20 天，喷 1 次 0.3% 的硝酸钙液，直至采果前 20 天左右，效果较好。该药在气温高时叶片上易发生药害，需注意。最好是在秋施基肥时施用，同时增施骨粉，既增加有机质又补充了钙。

加强储藏期管理 入库前用 2%~8% 钙盐溶液浸渍果实，如 8% 的氯化钙、1%~6% 的硝酸钙等。储藏期要控制窖内温度不高于 2℃，并保持良好的通透性。有条件的可采用小型气调库，必要时可把采摘后的苹果放入 1℃的预冷池中冷却，然后放入库内储藏，不仅储藏寿命得到延长，还可减少发病。

苹果虎皮病的防治

苹果虎皮病的发生与果实采收过早、着色成熟度差、氮肥施用偏多有关，由环境温度过高、储藏后期果实衰老而诱发。虎皮病多在果实储藏后期出现，发生在果实阴面绿色部分，初为淡黄色不规则斑块，后转为褐色至暗褐色，稍凹陷，病皮可轻轻揭下，严重时果肉发绵，略带酒味，如图 7—5 所示。预防虎皮病可采取以下措施：

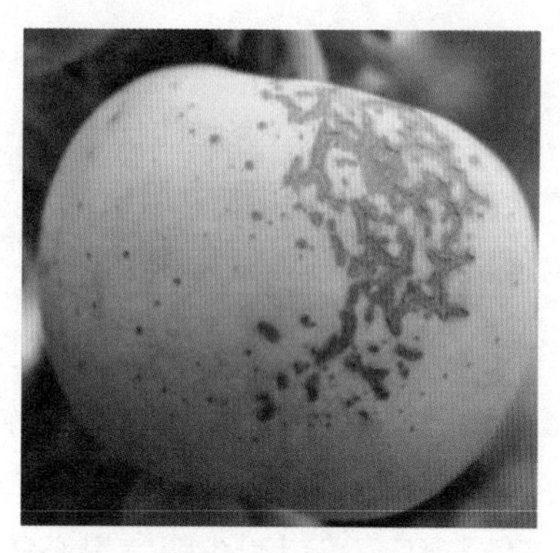

图 7—5 苹果虎皮病

● 适当提高采收成熟度，选择着色好的果实储藏。

● 利用气调储藏，加强库内通风换气，保持储藏器皿内二氧化碳浓度为 2% ~3%，控制库温在 0℃左右。

● 用矿物油纸单独包裹。

● 用含有 1.5~2 mg 二苯胺的纸或含有 2 mg 乙氧基石加奎的纸包裹或在纸箱的隔板上喷洒 4 g 乙氧基都有防治效果。

果品冷害的防治

果品冷害不同于冻害，它是指产品在冰点以上的不适宜低温下储运时所造成的生理伤害。热带、亚热带水果如香蕉、菠萝、芒果、柠檬、荔枝、柑橘对低温特别敏感，温带水果如葡萄、苹果、梨等基本不出现冷害。冷害表现是果皮色变暗，表面出现水浸状或烫伤斑点，不能正常成熟等。低温冷害是限制果品储藏寿命的重要因素。防治冷害的方法主要有：

● **适温储藏** 储藏温度若低于临界温度，且长期储藏时，就会有冷害症状出现。如果温度刚刚低于临界温度，那么冷害症状出现所需的时间要相对长一些。

间歇升温 间歇升温即用一次或多次短期升温处理来中断低温对冷害敏感果品的伤害。有资料表明，苹果、柑橘、桃、油桃、李等果品，在储藏中用中间升温的方法可增加其对冷害的抗性并延长储藏寿命。

变温处理 例如鸭梨在储藏初期发生的黑心病是由于采后突然将温度降到0℃引起的低温生理伤害，若将入储温度提高到10℃，然后采取缓慢降温的方式，在30~40天内，再将储藏温度降至0℃，可以减少鸭梨黑心病的发生。

调节储藏环境的气体成分 气体组成的变化能够改变某些产品对冷害温度的反应。气调储藏有利于减轻鳄梨、葡萄柚、秋葵、番木瓜、桃、油桃、菠萝等的冷害。如鳄梨在2% O_2 和10% CO_2 及4.4℃的条件下储藏可以减轻其冷害。

湿度调节 接近100%的相对湿度可以减轻冷害症状，相对湿度过低则会加重冷害症状。如大密哈香蕉在10℃下短时间内就会发生冷害，而用塑料袋包装的却不会发生冷害，其原因一方面是袋内的温度较高（11.6℃），另一方面是袋内湿度较高。高湿并不是使冷害减轻的直接原因，只是环境的高湿度降低了果品的蒸腾作用。同样，涂了蜡的葡萄柚，其凹陷斑之所以能降低也是因为涂蜡抑制了水分的蒸发。

化学处理 一些化学物质有降低水分的损失、修饰细胞膜脂类的化学组成和增加抗氧化物活性的作用，可以用来增加果品对冷害的承受力，有效地减轻了冷害。如储藏前用氯化钙处理可以减少鳄梨维管束发黑，减少苹果和梨因低温造成的内部降解，也可减轻番茄、秋葵的冷害，但不影响成熟。

激素控制 生长调节剂会影响各类果品的生理和生化过程，而一些生长调节剂的含量还会影响果品组织对冷害的抗性。如用

ABA（脱落酸）进行预处理可以减轻葡萄柚的冷害，其原理是它们具有抗蒸腾剂的活性，并且对细胞膜降解有抑制作用。ABA 还可以通过稳定的微系统，抑制细胞质渗透性的增加，阻止还原型谷胱甘肽的丧失，使果品不受冷害。

第八讲

畜禽产品生产加工与运输安全

话题1　畜禽品种及其主要制品

我国主要的畜类品种

我国的畜类品种繁多，可供人类食用的畜类品种不胜枚举，有饲养动物，也有野生动物，目前用于肉制品加工的畜类品种主要有猪、牛、羊、驴等，以猪、牛、羊为主。

1. 猪

根据其生产性能、体型和外貌特征，并综合考虑其起源、分布、饲养管理特点以及当地的自然条件等因素，可分为地方品种、外来品种、杂交品种。

地方品种　主要包括东北民猪、太湖猪、金华猪、荣昌猪、藏猪、陆川猪等。

外来品种　主要包括大约克猪、长白猪、杜洛克猪、汉普夏猪等。

杂交品种　主要包括哈尔滨白猪、新淮猪、北京黑猪、汉中白猪等。

2. 牛

我国的牛种资源繁多，分为役用牛、肉用牛、乳用牛和毛用牛，按品种可分为地方品种、引进品种、培育品种。

地方品种　主要包括蒙古牛、秦川牛、晋南牛、麦洼牦牛、鲁西牛、延边牛、南阳牛、哈萨克牛、西藏牛、短角牛等。

引进品种　主要包括黑白花牛、西门塔尔牛、婆罗门牛、利木赞牛、海福特牛、夏洛莱牛、摩拉水牛、尼里—拉菲水牛等。

培育品种　主要包括三河牛、中国黑白花牛、新疆褐牛、草原红牛等。

3. 羊

我国的羊可分为绵羊和山羊两大类型，绵羊大多以产毛为主，有细毛羊、粗毛羊、半细毛羊等，还有一些产肉、羔皮、裘皮的绵羊。山羊的用途多样，以产乳为主的称为“乳山羊”，产肉为主的称为“肉山羊”，产绒为主的称为“绒山羊”，另外还有“毛用山羊”“裘皮山羊”等。按品种可分为地方品种、引进品种、培育品种。

地方品种　主要包括宁夏滩羊、欧拉羊、湖羊、小尾寒羊、阿勒泰羊、哈萨克羊、龙陵黄山羊、关中奶山羊等。

引进品种　主要包括杜泊羊、澳洲美利奴羊、边区莱斯特羊、萨福克羊、无角陶赛特羊等。

培育品种　主要包括新疆细毛羊、凉山半细毛羊、中国卡拉库尔羊等。

我国主要的禽类品种

我国常见的禽类品种以鸡、鸭、鹅为主。按照经济用途主要分为蛋用型、肉用型和兼用型三类。

鸡　鸡是我国最主要的禽类，品种繁多，有白壳蛋系、褐壳蛋系、粉壳蛋系、北京油鸡、北京黄鸡、农昌 2 号鸡、罗斯蛋鸡、桃源鸡、浦东鸡、B-4 蛋鸡、萧山鸡等。

鸭　主要的鸭品种有绍鸭、麻鸭、北京鸭、金定鸭。

鹅　主要的鹅品种有中国鹅、太湖鹅、狮头鹅。

另外，食用的禽类还有火鸡、肉鸽、鹌鹑、珍珠鸡、鹧鸪、鸵鸟等。

我国主要的畜禽产品

我国畜禽产品主要包括肉类产品、蛋类产品、乳类产品，其中肉、蛋产量占世界第一位。

在畜禽产品中，肉类产品占有重要地位，按加工处理的状况划分，肉类产品可分为生肉和肉制品两大类。

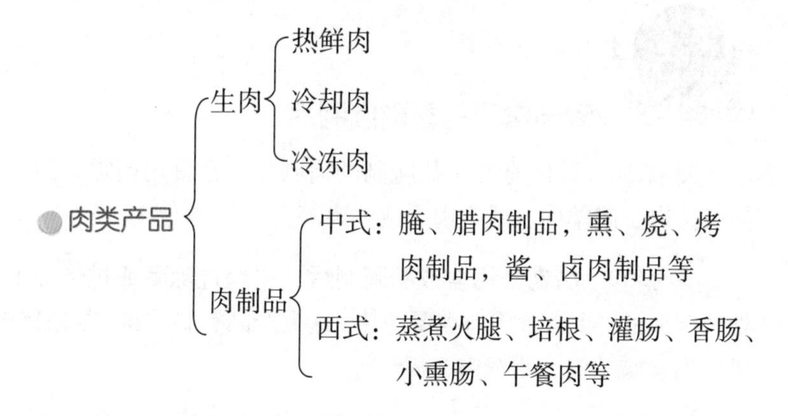

蛋类产品可分为鲜蛋和蛋制品两大类。

蛋类产品
- 鲜蛋：鸡蛋、鸭蛋、鹅蛋、鹌鹑蛋、鸽子蛋等
- 蛋制品：松花蛋、咸蛋、糟蛋等

乳类产品可分为液体乳、奶粉及其他。

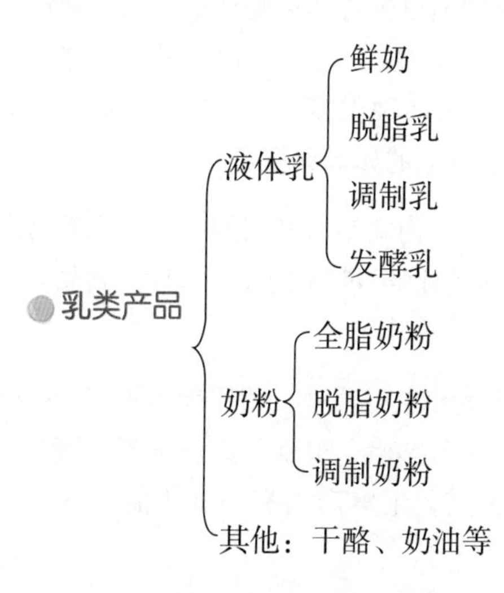

我国常见的畜禽肉制品

咸肉 咸肉是经过盐腌制的肉制品，在食用前需要加热，如咸猪肉、咸羊肉、咸牛肉、咸鸡肉等。

腊肉 腊肉是用盐或糖腌制后，再经过晾晒或烘焙等工艺处理制成的产品，食用前需要加热。这类产品有腊香味，如腊猪肉、腊牛肉、腊羊肉、腊鸡肉、板鸭等。

酱肉 酱肉是用盐、甜酱或酱油腌制后，再经过风干、晒干、烘干、熏干等工艺制成的肉制品，食用前需要加热，如北京清酱肉、广东酱封肉、杭州酱鸭等。

风干肉 风干肉是经过腌制、洗晒、晾挂、干燥等工艺制成的肉制品，食用前需要加热，如风干猪肉、风干牛肉、风干羊肉、风干鸡、风干鸭、风干鹅等。

干腌火腿 干腌火腿是以带骨猪后腿或前腿为主要原料，经修整、干腌、风干、成熟等主要工艺加工而成的，风味独特的肉制品。我国传统的干腌火腿品种很多，著名的产品有浙江的金华火腿、云南的宣威火腿、江苏的如皋火腿等。

烤肉 烤肉是指将原料肉腌制后利用热空气的高温将原料肉烤熟而制成的肉制品。原料肉经过高温烤制，其肉制品表面酥脆，产生美观的色泽和诱人的香味。

熏肉 熏肉分为熟熏和生熏两种。利用硬木不完全燃烧产生的烟熏制已经熟制的产品为熟熏；熏制只经过整理和腌制，没有经过热加工的产品为生熏，生熏产品有西式火腿、培根、灌肠等。

◎卤肉　卤肉是将原料肉加调味料和香辛料，以水为介质，加热煮制而成的熟肉制品。

话题 2　畜禽产品的加工

常见的畜禽肉加工方法

常见的畜禽肉加工方法有腌制、干制、烟熏、煮制、烧烤、油炸、发酵、汽蒸等。

◎腌制　腌制是使用食盐、糖、调味料等对肉进行加工处理的方法。

◎干制　干制是在自然条件或人工条件下让肉中的水分蒸发的过程，它是最早的肉制品保藏方法。自然干燥分为风干和晒干，人工干燥分为热风干燥和热气干燥。

◎烟熏　烟熏是通过加热树木枝叶来熏制肉制品的方法，可以使肉制品产生特有的风味。

◎煮制　煮制就是用热水、蒸汽等对肉制品进行加热熟化的过程。

◎烧烤　烧烤是利用木炭等对肉制品进行加热熟化的方法，烧烤后肉制品表面酥脆，内部柔嫩，且产生浓郁的香味。

◎油炸　油炸是利用油脂在高温下对肉制品进行加热熟化的

方法。

发酵 以畜禽肉为原料，在自然或人工控制的低温下进行腌制、发酵和干燥后，产生有特殊色泽、质地和风味的肉制品，具有储藏时间长的特点。

汽蒸 以蒸汽为传热介质，将已腌制、整理的原料肉，采用不同温度蒸制成半成品或成品的处理方法。

畜禽肉的常见腌制方法

畜禽肉的常见腌制方法有干腌法、湿腌法、混合腌制法、注射腌制法等。

干腌法 干腌法是将干盐或盐和硝的混合物涂擦在肉的表面，堆成肉垛或放在容器内。经过干腌的肉蛋白质损失少，耐储藏。我国的咸肉、风干肉、干腌火腿均采用干腌法。

湿腌法 湿腌法是指将盐和其他配料化为盐水卤，再把肉浸在其中。盐水浓度根据产品种类、肉的肥瘦比例、产品腌制和保藏时间而定。湿腌渗透快，腌制均匀，但是含水量高，不耐储藏。

混合腌制法 混合腌制法是先干腌，然后再放入盐水中腌，可以防止产品过分脱水，减少营养损失，耐储藏。

注射腌制法 为加快食盐的渗透，目前多采用盐水注射器向肉制品中注射盐水，然后再将其放入盐水中腌制。

畜禽肉的常见烟熏方法

按照烟熏过程中的温度，畜禽肉常见的烟熏方法有冷熏法、温熏法和焙熏法。

冷熏法 冷熏法是在15~30℃的低温下，将畜禽的熏制4~7天的方法。熏前需对原料肉进行长时间的腌制。冷熏宜在冬天进行，夏天由于气温高，温度难以控制，特别是发烟少时容易造成肉的酸败现象。冷熏主要用于干制的香肠，也可用于带骨的火腿。

温熏法 温熏法是原料肉经过适当的腌制，在30~85℃的温度下熏制而成的方法，又分为中温法和高温法。中温法是在30~50℃熏制1~2天，通常采用橡树、樱树的枝叶和锯末进行熏制，熏制时温度应该缓慢上升，用这种方法熏制的畜禽肉重量损失少，产品风味好，但是储藏性能差，一般用于火腿的熏制。高温法是在50~85℃的温度下熏制6 h，熏制时温度一样要缓慢上升，否则会产生发色不均匀的现象，一般用于香肠的熏制。

焙熏法 温度为90~120℃，由于烟熏的温度较高，熏制和熟制一起完成，生产时间短。

话题3 畜禽产品的储藏

畜禽肉产品的储藏方法

畜禽肉的主要储藏保鲜方法有以下几种：

低温储藏　低温储藏分为冷却储藏和冷冻储藏。冷却储藏是指在 –2~4℃条件下储藏，冷冻储藏是指在 –30~–12℃条件下储藏。

腌制储藏　腌制储藏是用食盐或蔗糖腌制，可以大大延长肉类的保质期。

烟熏储藏　烟熏常与加热一起进行，温度在 60℃左右，可以使产品形成稳定的色泽，同时又能有效延长肉制品的保质期。

风干储藏　肉的风干储藏是一种很古老的储藏方法，肉类中的水分含量高达 70%~80%，经脱水后水分含量降低到 6%~10%，抑制了微生物的生长和内源酶的活性，大大提高了肉的储藏性能。

防腐剂储藏　使用防腐保鲜剂储藏肉类，防腐剂包含化学防腐剂和天然保鲜剂。

蛋类产品的储藏方法

鲜蛋是一种容易腐败变质的产品，要使用适当的保鲜储藏方法，以便保持其原有的状态、风味和营养成分，不发生或少发生变化。蛋类产品的保鲜储藏方法主要有以下几种：

冷藏法　无破损、无劣斑的鲜蛋在 –2~4℃温度下可以保存半年。

浸泡储藏法　用生石灰（氧化钙）加水（生石灰和水的比例为 1：100~5：100）浸泡鲜蛋，可以保存 4 个月。

涂布储藏法　用涂布剂封闭蛋壳上的气孔，能达到很好的储藏效果。例如，涂抹石蜡可以保存 7~9 个月，将鲜蛋在 10% 硅酸钠溶液中浸泡 40~60 min，在常温下可以储藏 5 个月。另外，植物油、猪油、矿物油、凡士林、聚乙烯醇、聚苯乙烯、聚乙酰甘油一酯也可以用来涂抹储藏蛋类产品。

气调储藏 将经过挑选的鲜蛋放在 25% ~30%浓度的二氧化碳环境中，可以有效延长鲜蛋的保质期，若能与冷藏法相结合，其储藏效果更好。

干藏储藏 干藏是比较简易的民间储藏鲜蛋的方法，就是把选好的鲜蛋放在谷糠、小米、大豆、草木灰中，保持相对低的环境湿度，来达到短期保存鲜蛋的目的。

乳类产品的储藏方法

乳，俗称奶，来源于动物，且水分、蛋白质含量高，极易受到污染，所以要对其进行适当的保鲜处理。为了保证原料乳的质量，挤出的乳要立即进行过滤、冷却等初步处理，以便除去机械杂质并减少微生物的污染。由于乳在刚挤出时的温度在 36℃左右，极易受到微生物的侵染而腐败变质，所以还要对其进行冷却处理，最好使乳全面降温至 4℃左右再进行储存。乳导热性差，所以在最初几小时内应该进行多次搅拌。将整桶乳放入冷库储存，由于空气的导热性更差，冷库的温度传到乳中心需要 6 h 以上，很可能导致乳变质。因此，乳在放入冷库储存之前应该采用不同的冷却方式进行冷却。

冷却只能抑制微生物的生命活动，不能消灭微生物，乳温上升后，微生物又开始活动，所以乳在冷却后应该在 4℃左右保存，温度越低储存的时间越长。乳的保存时间和冷却温度的关系见表8—1。

表8—1　乳的保存时间和冷却温度的关系

乳的冷却温度（℃）	乳的保存时间（h）
8~10	6~12
6~8	12~18
5~6	18~24
4~5	24~36
1~2	36~48

话题4　畜禽产品质量安全及控制

什么是热鲜肉、冷冻肉、冷却肉

热鲜肉　刚屠宰的畜禽，肌肉的温度通常为38~41℃，这种尚未失去体温的肉叫作热鲜肉。畜禽通常在凌晨宰杀，清早上市，不经过任何降温处理。由于肉的温度较高，细菌最容易大量繁殖，肉容易腐败变坏。

冷冻肉　冷冻肉是指动物宰杀后，经预冷，在–18℃以下的温度中迅速冷冻，使其深层温度达–6℃以下的肉。冷冻肉细菌较少，食用比较安全，并且易于储藏，但在食用前需要解冻，这会导致肉中大量的营养物质流失。

冷却肉　冷却肉是指严格执行检疫制度，对屠宰后的畜禽胴体迅速进行冷却处理，使胴体温度 24 h 内降到 0~4℃，并在后续加工、流通、销售过程中始终保持 0~4℃的生鲜肉。

冷却肉也称为预冷肉、冷鲜肉、排酸肉。

什么是注水肉

动物屠宰前后，注入外来水的肉称为注水肉。注水肉不仅在经济上侵害了消费者利益，而且降低了肉的营养价值和品质。尤其是个别不法商贩所注入的水是不安全的水，对肉品的安全性造成了极大危害。应禁止在原料肉或动物胴体中注射外来水，同时要加强对注水肉的鉴别。

注水肉的鉴别方法

注水肉色淡，湿润，水淋淋的，肌肉组织松软，弹性差，切面手感滑，用纸贴在肌肉断面上很容易揭下，纸张吸水量大，放肉的案板明显湿润。

如何用感官判断肉是否新鲜

●新鲜肉的鉴别　新鲜肉的外观、色泽、气味都很正常，肉表面有稍微干燥的“皮膜”，呈浅玫瑰色或淡红色；切面稍微潮湿而无黏性，并具有各种畜禽肉特有的光泽；肉汁透明，肉质紧密，富有弹性，用手指按压，凹陷处立即复原；无酸臭味而带有鲜肉的自然香味；骨骼内部充满骨髓并有弹性，呈黄色，骨髓与骨的折断处发光；腱紧密而具有弹性，关节表面平坦而发光，其渗出液透明。

陈旧肉的鉴别 陈旧肉的表面有时带有黏液，有时显得很干燥，与鲜肉相比表面与切口处的肉色发暗，切口潮湿而有黏性。如在切口处盖一张吸水纸，会留下许多水迹。肉汁浑浊、无香味，肉质松软，弹性小，用手指按压，凹陷处不能立即复原；有时肉的表面发生腐败现象，稍有酸霉味，但深层还没有腐败的气味。

腐败肉的鉴别 腐败肉的表面有时干燥，有时非常潮湿而带有黏性。通常在肉的表面和切口有霉点，呈灰色或淡绿色；肉质松软无弹力，用手指按压时，凹陷处不能复原；不仅表面有腐败现象，肉的深层也有厚重的酸败味。

畜禽肉腐败变质后会出现什么现象

畜禽肉腐败变质后会发生很多异常现象，在肉的表面会出现发黏、拉丝的现象，肉的颜色不再鲜亮，而是变暗、发灰、发褐或是变绿，同时还伴有不良的气味。

小知识

夏季畜禽肉容易腐败的原因

在夏季或是温度比较高的环境下，畜禽肉特别容易发生腐败变质。这是因为在温度较高时，肉上的腐败微生物迅速繁殖，产生黏液和色素，使畜禽肉发黏和变色。另外，不同的微生物会在肉上形成不同的代谢物，使肉产生臭味、酸味或是其他不良的味道。有时由于一些霉菌的作用，肉表面会产生霉斑。

怎样预防畜禽肉的腐败变质

预防畜禽肉的腐败，最重要的是防止微生物的污染和抑制肉中分解酶的活性，通常有以下几种方法：

● 冷藏和冷冻　即降低温度使微生物活动或是肉中分解酶的活性减弱或停止。

● 加热　高温可以杀死大量有害微生物，同时破坏分解酶的结构，可以有效地预防畜禽肉的腐败，如 70℃加热 30 min 就可以有效杀死有害微生物。

● 干制脱水　即降低畜禽肉中的水分含量，抑制微生物和酶的作用，防止腐败变质。常用的干制脱水方法有自然日晒、食盐脱水、鼓风吹干等。

● 腌制　即在畜禽肉中添加盐或糖，提高渗透压，降低水的活性，使微生物脱水死亡，从而达到防止腐败的目的。

● 烟熏　用树木枝叶等对畜禽肉进行烟熏处理，使得肉失去部分水分，同时大量吸收烟中防腐物质，从而有效抑制微生物和分解酶的作用，防止肉的腐败。

危害畜禽产品安全的因素有哪些

近年来，畜禽产品质量安全事故层出不穷，畜禽产品的食用安全受到严重威胁，严重影响了畜牧业的可持续发展。究其原因，主要有以下五个因素：一是我国畜禽产品生产规模小，千家万户分散经营，一家一户单独面向市场，不利于推行标准化技术和统一产品质量标准，难以实现农业标准化生产。大部分畜禽产品以鲜活产品的形式进入市场，品种、品质、品牌难以体现，优质、优价也无法体现，制约了我国畜禽产品质量安全水平的进一步提高。这种分散的小规模经营现状短时期还难以完全改变。二是畜禽产品质量安全监管薄弱。我国畜禽产品质量安全标准、检验及检测、安全追溯等体系很不完善。三是非法使用违禁药物、制售假冒伪劣饲料、兽药残留等问题没有从根本上解决，生产、流通及加工等环节的质量安全隐患还有很多。四是工业污染和畜牧业生产自身污染严重，给畜禽产品质量安全水平进一步提高增加了困难。五是一些养殖户和经营者为了追求利润，违背道德，违反法律，在畜禽产品中有意加入各类禁止使用的添加剂，甚至有投毒行为（在畜禽产品中有意加入危害物，如在饲料或乳品中添加三聚氰胺）。

哪些危害影响畜禽产品安全

影响畜禽产品质量安全的因素有生物性危害、化学性危害和物理性危害。

生物性危害 生物性危害主要包括细菌性危害、病毒性危害和寄生虫危害。例如，畜禽感染人畜共患的传染病和其他畜禽类传染病，或感染了寄生虫等；在屠宰、分割和运输中，由于用具、操作人员和环境中存在大量微生物而使畜禽产品受到污染，导致生鲜肉表面发黏、颜色变化、脂肪酸败和产生不良气味的腐败变质；在加工中，由于杀菌不彻底，导致嗜热细菌及其芽孢的存在，

人畜共患的传染病主要有结核病、禽流感、狂犬病、口蹄疫等，其他畜禽类传染病主要有猪瘟、鸡新城疫、兔瘟等。畜肉中常见寄生虫有囊尾蚴、旋毛虫、肝片形吸虫、弓形体虫等。

从而使肉制品腐败变质。

化学性危害　化学性危害主要包括农药污染、兽药污染、环境污染、放射性污染、添加剂残留、加工过程中形成的化学物质污染。

如畜禽产品中农药残留，特别是有机氯农药，如六六六、DDT、氯丹、艾氏剂、狄氏剂、异狄氏剂、毒杀酚、林丹、七氯等脂溶性农药，此类农药在动物体内排泄缓慢，极易残留。在畜禽养殖过程中预防和治疗疫病时，使用的药物种类繁多，包括抗生素、磺胺制剂、呋喃类、驱虫剂、生长促进剂、各种激素制品等，滥用这些药物会造成极大危害。

在加工中，酱卤肉制品会生成致癌性物质杂环胺，并受原料肉种类、加工方式、加工时间和温度、氨基酸和单糖等前体物含量等的影响。其中，加工温度和时间对杂环胺的生成影响最大。就加工方式而言，由于碳烤、油煎等加工方式中肉及肉制品直接与明火接触或与灼热的金属表面接触，表面水分大量蒸发并生成褐变物质，较易形成杂环胺。

物理性危害　物理性危害主要是指食物中混有危害人体健康的金属块、玻璃碴等物体。

环境污染对畜禽产品安全的危害

在畜禽产品养殖和生产中，环境不符合要求也会造成安全隐患。环境污染的种类有很多，其中已鉴定的有汞、镉、铅、砷、铬、多氯联苯、苯并芘、合成洗涤剂、六六六、DDT等，主要是工业废水、废气、废物和污水、垃圾、农药等对大气、水源、土壤造成污染，畜禽则通过呼吸、饮水、进食等使这些物质残留在其体内并富集。

话题 5　畜禽产品检疫与流通

畜禽产品进入市场流通前的检验检疫

根据我国农业部 2010 年 1 月 21 日发布的《动物检疫管理办法》，出售、运输动物产品和供屠宰、继续饲养的动物，应当提前 3 天申报检疫。屠宰动物的，应当提前 6 h 向所在地动物卫生监督机构申报检疫；急宰动物的，可以随时申报。出售或者运输的动物、动物产品经所在地县级动物卫生监督机构的官方兽医检疫合格，并取得动物检疫合格证明后，方可离开产地。县级动物卫生监督机构依法向屠宰场（厂、点）派驻（出）官方兽医实施检疫。屠宰场（厂、点）应当提供与屠宰规模相适应的官方兽医驻场检疫室和检疫操作台等设施。出场（厂、点）的动物产品应当经官方兽医检疫合格，加施检疫标志，并附有动物检疫合格证明。进入屠宰场（厂、点）的动物应当附有动物检疫合格证明，并佩戴有农业部规定的畜禽标识。

动物屠宰前应当逐头进行检查，健康无病的动物才能屠宰，患有疾病的动物和疑似患有疾病的动物应按照有关规定处理。动物屠宰过程中实行全流程同步检疫，对头、蹄、胴体、内脏等进行编号，对照检查。检疫合格的动物产品，加盖验讫印章或加封检疫标志，出具动物产品检疫合格证明。检疫不合格的动物产品，要按照规定作无害化处理或是销毁。

小知识

畜禽动物的检验检疫

检疫由农业部门的畜牧兽医负责执行，负责从养殖到屠宰、加工全过程的检疫，主要检查动物有没有传染病。检验由定点屠宰企业或是商务部门在屠宰场派驻的检验员执行，主要检查有没有注水，有没有重金属、农药兽药、瘦肉精残留等。

哪些人员担任畜禽检疫工作

2008 年 1 月 1 日开始实施的《中华人民共和国动物防疫法》第五章第四十一条规定，动物卫生监督机构设动物检疫员，具体实施动物、动物产品检疫。动物卫生监督机构根据工作的需要，可以在乡镇畜牧兽医站和其他有条件的单位聘用专业兽医人员，作为动物卫生监督机构的派出动物检疫员，代表动物卫生监督机构执行规定范围内的检疫任务。

动物防疫员应当具有相应的专业技术。兽医卫生检疫员应经考核合格取得兽医卫生检疫员证书。具体资格条件和资格证书颁发的办法由国务院畜牧兽医行政管理部门规定。动物检疫员必须按照国家标准、行业标准、检疫规程的规定，对动物、动物产品实施检疫，并对检疫结果负责。

各级畜牧兽医行政管理部门应该对动物检疫人员加强培训、考核和管理，建立健全内部任免、奖惩机制。

我国传统畜禽产品流通的主要渠道

传统禽畜产品的流通渠道主要有四种：

- 生产者将禽畜产品直接销往销地批发市场，销地批发商也可以自行前往批发，或者由中间组织即运销商将禽畜产品送往销地批发市场，产品到达销地批发市场后，由零售商贩批发采购直接售给消费者。

- 由产地批发商从生产者处收购禽畜产品，再由运销商运往销地批发市场，由零售商贩从销地批发市场采购到农贸市场销售给消费者。

● 运销商直接从生产者手中采购禽畜产品，零售商贩从运销商手中采购后到农贸市场出售。这种流通渠道减少了产地批发市场和销地批发市场这两个中间环节，节约了禽畜产品的流通时间，在一定程度上降低了禽畜产品在流通环节中的损耗。

● 零售商贩从生产者手中直接采购或者由生产者到农贸市场去出售。这主要是一些小规模、小批量的生鲜农产品，虽然其中间环节的损耗低且流通速度快，但不能成为农产品流通的主要模式。

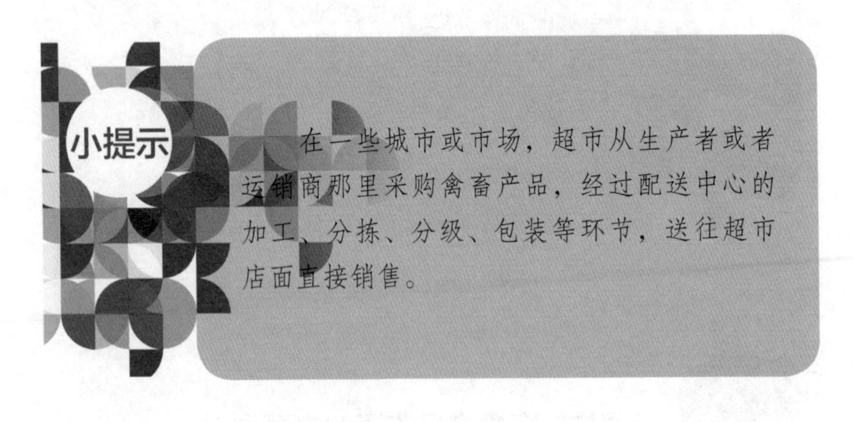

小提示

在一些城市或市场，超市从生产者或者运销商那里采购禽畜产品，经过配送中心的加工、分拣、分级、包装等环节，送往超市店面直接销售。

运输对肉用畜禽的影响

运输是指动物从农场到市场或是到屠宰厂的转运过程。运输过程中时间、距离、车况、路况、装载密度、行驶速度以及天气状况都可能导致畜禽产生应激反应。不同种类的畜禽抵御应激的能力存在差异。运输对肉用畜禽的影响主要有以下几个方面：

● **重量损耗** 减少畜禽的重量。

● **感染细菌** 运输中动物产生身体疲劳和精神疲劳，细菌容易滋生。

● **诱发疾病** 运输中动物容易发生急性肠炎、肺炎等疾病，还经常会产生红斑等现象。

● **体表损伤** 由于运输车辆设计和保养不当，或是装载拥挤、操作不当，经常会造成动物损伤出血。

● **运输死亡** 动物运输死亡常有发生，原因可能是动物运输前喂食，途中通风不良，装载密度大，夏季温度过高，应激反应过度等。

● **肉品质下降** 运输方式不合理和长时间运输引起畜禽强烈应激，会使肌肉内糖原损失，屠宰后极限 pH 高，易产生 DFD（肌肉干燥、质地粗硬、色泽深暗）和 PSE（肉色灰白、肉质松软、有渗出物）等劣质肉，进而极大地影响了肉品品质。

加强肉用畜禽的运输安全

● 肉用畜禽最好来自邻近的产区，直接从饲养地区运到屠宰厂，尽量减少运输环节和路程，减少应激反应。

● 要求运输车辆设备良好，动物饲养合理，护理得当，要避风雨，避暑防寒。车内空气要新鲜，地板要防滑，有垫草。用双层车运输时，两层之间要有一定的空隙，便于空气流通。

● 为防止动物损伤，减少痛苦，装载密度要合适。欧盟动物卫生和动物福利委员会已经对运输密度及时间做了明确规定，见

表 8—2。

表 8—2　　推荐运输时最低面积

品种	种类	体重(kg)	运输时间(h)	地板面积(m^2)
猪		100	≤ 8 >8	0.42 0.60
绵羊	剪毛	40	≤ 4 4—12 >12	0.24 0.31 0.38
	未剪毛	40	≤ 4 4—12 > 12	0.29 0.37 0.44
牛		500	≤ 12 > 12	1.35 2.03

● 运输后禁食处理是指畜禽运输至屠宰场后一段时间内停食供水的操作。畜禽在适当的环境进行禁食，有利于恢复宰前管理带来的疲劳和紧张，改善畜禽宰后肉的品质。

● 运输后饲喂是指畜禽从饲养场运输至屠宰场后供食供水休息的宰前管理过程。《陆生动物卫生法典》规定：动物到达屠宰厂 12 h 后仍未宰杀时应予定期喂食。

加强畜禽肉类产品的运输管理

加强畜禽产品的运输安全，要做到以下几个方面：

● 不运输严重污染的畜禽产品。

● 运输过程中要采取防腐、防变质措施，运输工具材料要不易腐蚀，方便清扫并可长期使用。

- 装运尽量简便快速、直达，减少中转环节，缩短装运时间。

- 鲜肉装运前其中心温度降到≤25℃或市售需求温度，车箱体内温度不宜超过肉温3℃，常温条件下运输时间不超过2 h。运输过程中鲜肉的升温不宜超过3℃，4℃以下运输时间不超过6 h。

- 冷却肉装运前中心温度应在0~4℃，运输工具具有将产品保持在0~4℃的能力；冷却肉最长运输时间不超过24 h；装货前车箱内温度降至7℃以下，运输中设备箱体内温度不得高于4℃；运输途中肉温最多允许有2℃的变化。

- 冻肉装运前中心温度应在–15℃以下，运输工具具有将产品保持在–15℃或更低温度的能力。运输时间低于8 h的，可采用保温车运输，需采用保温措施；运输时间在8 h以上的，应采用有制冷设备的运输工具。装货前箱体内温度降至7℃以下，运输途中箱体内温度应保持在–15℃以下。

加强蛋类产品的运输管理

蛋类产品在运输中最容易遭到损坏，所以要在运输和装卸过程中加强管理。

- 长途运输以火车、轮船为主，短途运输以汽车、木船为主。

- 运输要快，搬动装卸要轻稳，要防止雨淋、日晒、灰尘和震动。冬季要防寒保暖，夏季要防热。装运的工具要清洁干燥。

- 装卸时要轻拿轻放，平搬平放，不拖不拉，双手搬运。箱或篓要放平放稳，要按顺序卡紧，不要歪倒放置。

堆码时，箱装以井字形为宜，篓装以品字形上下错开装载为宜。箱篓混装时，耐压的木箱应放在底层，篓放在上层。

蛋的运输应该注意节约费用，要快速，减少中间环节。

加强乳类产品的运输管理

乳品要及时地运输到加工厂或是卖给消费者，在运输时要使用乳桶或是乳槽车，所用容器要严格杀菌。

运输时要控制好温度，最好在早晚运输，采用隔热材料盖好乳桶，盖内应有橡皮衬垫，不能用破布、油纸、碎纸等代替。夏季必须装满盖严，以免震荡；冬季温度过低时，不能装得太满，以免乳品冻结而破坏乳桶。

加强农贸市场畜禽产品的安全管理

在我国，农贸市场是传统的农产品集散地，其中畜禽及其制品销售区是最潮湿的地方之一，也是最容易产生质量问题的地方之一。

农贸市场中畜禽及其产品的销售区摊位一般较小，加上活禽的宰杀、净膛等处理，容易造成粪便和血块的堆积，滋生大量的微生物和蝇虫，严重地危害着畜禽产品的安全。所以为了保证畜禽及其产品的安全，首先要出售健康卫生的活禽及品质安全可靠的畜禽产品；其次要在4℃左右的低温下销售，对废弃物要及时处理。另外随着经济的发展和市场的规范，应取缔在农贸市场上销售活的畜禽，要求用低温冷柜储藏销售畜禽产品。

我国颁布的畜禽产品质量安全控制的有关法律法规

畜禽产品质量安全事关消费者的身心健康，受到消费者、企业、政府、国际组织的高度重视。为了确保畜禽产品的质量安全，我国颁布的有关畜禽产品生产和流通控制相关法律、法规有：《中华人民共和国动物防疫法》（2007年8月30日第十届全国人大常委会第29次会议修订通过，自2008年1月1日起施行）、《中华人民共和国进出境动植物检疫法》（1991年10月30日第七届全国人民代表大会常务委员会第22次会议通过，1991年10月30日中华人民共和国主席令第53号公布，自1992年4月10日起施行）、《动物检疫管理办法》（2010年1月21日发布，于2010年3月1日起施行）、《生猪屠宰管理条例》（2007年12月19日国务院第201次常务会议修订通过，自2008年8月1日起施行）等。2009年《食品安全法》颁布实施。2014年5月5日，农业部办公厅发布关于征求《畜禽屠宰管理条例（草案）（征求意见稿）》的通知，《条例（征求意见稿）》共7章57条，其中明确规定：国家实行畜禽定点屠宰制度；县级以上地方人民政府统一负责、领导、组织、协调本行政区域内的畜禽屠宰管理工作；国务院畜牧兽医主管部门负责全国畜禽屠宰的行业管理工作；推行畜禽定点屠宰厂（场）分级管理制度；畜禽定点屠宰厂（场、点）应当对畜禽屠宰活动和畜禽产品质量安全负责等内容。

第九讲 水产品生产加工与运输安全

话题1 水产品的基本知识

我国主要水产品的种类

我国水产资源丰富，品种多样，主要包括鱼类、虾蟹类、头足类、贝类和藻类五大类，此外还有海蜇、海参、海胆等。

鱼类 按照鱼类生活的水环境可分为海水鱼和淡水鱼两大类。海水鱼品种繁多，常见的经济鱼类有大黄鱼、小黄鱼、带鱼等，除此之外，还有很多重要的经济鱼类如鲱鱼、鳓鱼、鳕鱼、鲐鱼、鲅鱼、金枪鱼、鲳鱼等（说明：鳕鱼是大类，因此不进行细分）。我国“七大淡水鱼”主要是指青鱼、草鱼、鲢鱼、鳙鱼、鲤鱼、鲫鱼、鳊鱼。另外，主要的淡水鱼品种还有鲟鱼、鲶鱼等。

虾蟹类与头足类 我国的虾蟹类主要包括对虾、梭子蟹、河蟹等，头足类全部是海产动物，如乌贼、章鱼、鱿鱼等。

贝类 蛤、蛏、蚶、螺、牡蛎、扇贝、鲍、贻贝、江瑶、河蚌、蚬等，都有很高的营养价值，是捕捞、养殖和出口加工的重要种类。

藻类 常见的经济价值较高的藻类种类有海带、裙带菜、紫菜、江蓠、石花菜、螺旋藻、红球藻等。

其他水产品还包括海蜇、海参、海胆、龟鳖、牛蛙等。

水产品的营养成分

水产品富含蛋白质，且易于消化吸收，含有多种维生素和无机质，以及少量的碳水化合物。水产品作为优质食物蛋白源，对于供应人体健康所必需的营养素，改善膳食结构起着重要的作用。

虾蟹类、鱼类中的蛋白质含量高达15%~22%，贝类中蛋白质的含量相对较低，为8%~15%，且因种类、季节、年龄、大小等而异。鱼类和虾、蟹类的蛋白质含量和牛肉、半肥瘦的猪肉、羊肉相近，不同的是鱼类和虾蟹类脂肪含量低，按干基计蛋白质高达60%~90%，而猪、牛、羊因脂肪多的缘故，干物质中蛋白质含量仅占15%~60%，因此水产品是一种高蛋白、低脂肪和低热量的食物。

我国常见的水产制品

咸鱼 用盐腌制后的鱼，在食用前要加热。如咸带鱼、咸鳓鱼以及用青、草、鲢、鳙等淡水鱼制作的咸鱼等。

糟鱼 用盐渍脱水后，再用酒类进行渍制，经不同程度的发酵成熟加工而成的鱼。较著名的有传统糟鱼、绍兴醉鱼干等。

熏鱼 盐渍、干燥等处理后的原料，在一定温度下，通过与木材燃烧产生的熏烟接触，边干燥边吸收熏烟，使其具有特殊的烟熏风味、色泽和较好的保藏性能，如烟熏鲑鱼、烟熏鲱鱼、烟熏淡水鱼制品等。

鱼糜制品 将原料经采肉、漂洗、精滤、脱水、搅拌、冻结加工制成冷冻鱼糜，再经擂溃或斩拌、成型、加热和冷却工序制成的即为鱼糜制品，如鱼丸、鱼糕、鱼香肠、鱼卷、模拟虾肉、模拟蟹肉、模拟贝柱、鱼糕、竹轮等鱼糜制品和鱼排、虾饼、裹衣鱼糜制品等冷冻调理食品。

其他的还有鱼罐头、冷冻鱼、鱼粉等。

鱼及贝类死后的变化

鱼及贝类死后肌肉中会发生一系列生物化学变化，这些变化将会影响肌肉的各种性质，进而影响鱼及贝类的风味和质量及作为加工原料的适性。鱼体死后变化可分为三个阶段：死后僵硬阶段、自溶作用阶段和腐败变质阶段。刚死的鱼体，肌肉柔软而富有弹性，放置一段时间后，肌肉收缩变硬，失去伸展性或弹性，这种现象称之为死后僵硬。鱼体在死后经僵硬阶段以后，肌肉重新变得柔软，失去弹性，进入自溶作用阶段，如图 9—1 所示。到了自溶阶段后期，细菌生长繁殖加快，分解产物增多，鱼体进入腐败变质阶段。鱼类腐败阶段的主要特征是眼球浑浊凹陷，鱼鳃变成褐色乃至灰色，鱼鳞容易脱落，鱼体的肌肉与骨骼之间易于分离，腹腔膨胀甚至破裂，部分鱼肠可能从肛门脱出，并且产生腐败臭等异味。

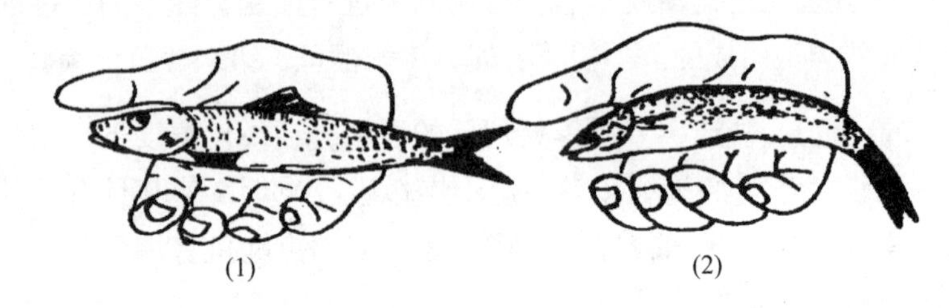

图 9—1 鱼死后的变化
（1）鱼体死后僵硬 （2）肌肉重新变柔软

用感官判断鱼新鲜程度的方法

用感官判断鱼新鲜程度的方法见表 9—1。

表 9—1 判断鱼新鲜程度的方法

项目	新鲜	不新鲜
眼球	眼球饱满，角膜透明清亮，有弹性	眼球塌陷，角膜混浊，虹膜和眼腔被血红素浸红
鳃部	鳃色鲜红，黏液透明，无异味或海水味（淡水鱼可带土腥味）	鳃色呈褐色、灰白色，有混浊的黏液，带有明显酸臭、腥臭或陈腐味
肌肉	坚实有弹性，手指按压后凹陷立即消失，无异味，肌肉切面有光泽	松软，手指按压后凹陷不易消失，有霉味和酸臭味，肌肉易与骨骼分离
体表	有透明黏液，鳞片完整有光泽，紧贴鱼体，不易脱落	鳞片暗淡无光泽，易脱落，表面黏液污秽，并有腐败味
腹部	正常不膨胀，肛门紧缩	膨胀或变软，表面发暗色或淡绿色斑点，肛门突出

用感官判断虾蟹新鲜程度的方法

新鲜的生虾，外壳光亮、半透明、肉质嫩白或淡青白色（对虾），紧密而有弹性，无异常气味，肢体完整，蟠足卷体。陈旧的虾外壳混浊，失去光泽，从头至尾逐次变红，甚至变黑，肉质松软，肢体下垂，发出腥臭味，头、足甚至脱离虾体。

活蟹动作灵活，好爬行，善滚翻，濒死的蟹精神委顿，如将其仰置，不能翻起。刚死的鲜蟹，其壳纹理清晰，质地坚实，用手指夹住背腹平举蟹体时，可见足爪伸直不下垂，肉质充实，蟹体较沉，轻敲背壳发出实音，体表整洁，无异味。变质的生蟹其壳纹理不清，质地脆弱，平举蟹体时，足爪下垂，甚至脱落，壳内肉质空虚，流出液体，体表污秽不洁，发出腥臭或腐臭气味。

水产品脱腥的方法

不同的水产品腥味产生的原因有所不同，因此脱腥方法有很多。鱼腥味的特征成分存在于鱼皮黏液中，鱼体内的氧化三甲胺在微生物和酶的作用下产生三甲胺等成分增强了鱼腥味，一般海水鱼的腥味比淡水鱼更强烈。土腥味在鱼及贝类特别是淡水鱼及贝类中很常见，一般认为是它们在生长过程中积累了藻类或细菌所产生的带有土腥味的代谢废物而引起的。由蓝藻、放线菌分泌产生的次生代谢产物目前被认为是造成鱼贝类土腥味的主要化学物质。

海水鱼的腥味脱除比较容易，一般用清水或淡盐水洗涤数次即可。目前还没有有效的方法能完全消除淡水鱼鱼肉中的土腥味。鱼制品脱腥的方法有很多，主要有物理法、化学法、生物法、复合法等。其中物理法和生物法基本上没有引入合成的化学物质，消费者较容易接受，但物理法的效果不理想。化学法容易有化学物质残留，存在食品安全性问题，不提倡使用。复合法用于除腥要求较高的产品，比单一的脱腥技术有更好的脱腥效果，应用最为广泛。随着生物技术的应用越来越普遍，生物脱腥技术已经成为鱼制品脱腥的研究热点。

物理法包括利用活性炭吸附和利用液胶囊包埋腥味物质。化学法包括酸碱盐处理、溶剂萃取等方法。生物法主要是通过微生物发酵来达到去腥效果。复合法是采用两种或两种以上的脱腥技术。

话题 2　水产品的储藏与运输

水产品的保活

水产品保活的重点，主要是根据待运品的生理特点，通过降低活体的代谢水平，控制其生存微环境的劣化，来延长水产品在储运等非正常生存条件下的生命，提高存活率，并尽可能保持其优良的食用品质。常用水产品保活有以下几种方法。

低温法　常规低温是将运输水体与水产品的温度降至环境温度以下。低温法可广泛应用于鱼、虾、蟹、贝类的保活运输。

增氧法　即在运输过程中，以纯氧代替空气或特设增氧系统。最简便常用的方法是在有水的塑料储运袋中充入高压纯氧，然后将塑料袋放入泡沫箱中运输。

麻醉法　麻醉法通常包括化学麻醉和物理麻醉法。常用的化学麻醉剂有磺酸间氨基苯甲酸乙酯（MS-222）等30余种。物理麻醉法可采用电击方法使鱼进入假死状态，或用银针插入鱼体头部相关穴位使其进入麻醉状态，从而延长其存活时间以利于运输。

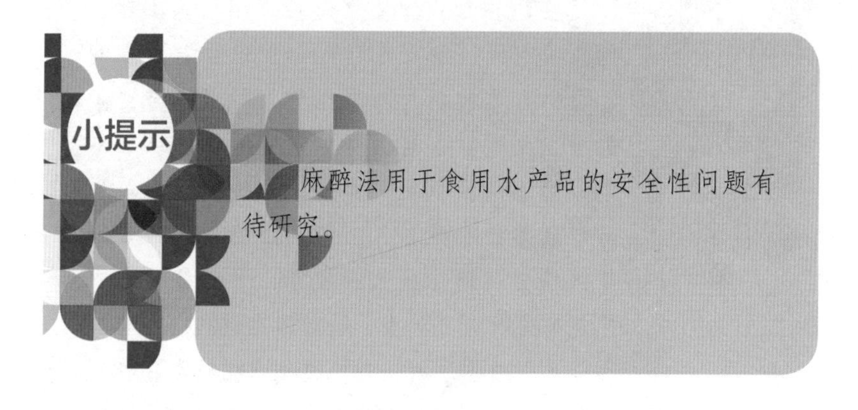

麻醉法用于食用水产品的安全性问题有待研究。

诱导休眠法　通过诱导使水产品进入冬眠状态。

鱼类活体储运方法

用运输车或船作为装载工具的活鱼带水运输，在正式装运前，一般应停食 2 天以上暂养。装运前，鱼应在网箱中密集座箱 6~8 h，及时剔除受伤或死亡个体。

常用的工器具包括：工业氧气瓶、带减压阀的气压表、塑料软管、配套三通及分头的多管接头、气圈等供氧设备，鱼篓或塑料桶，篾制鱼篓需铺上防水的油布胆。还要配备比鱼篓或桶稍大的双层氧气袋、水泵及配套塑料软管、水桶、短柄海捞、鱼筛等。

一般按以下程序装载：固定氧气瓶→套袋→排篓（桶）→安装充氧器具→加水→试气→装鱼→充氧→扎口。

在运输过程中要定时检查车辆、容器、供氧、水温、水质等状况。水中加入适量的氯化钠和氯化钙可减少鱼体表黏液，避免鱼类撞击受损。在高密度运输中氧气的供应对鱼成活率的高低至关重要，即使短时断氧也会导致整批鱼死亡。应特别注意氧气气量调整，检查气路防止气管脱落，及时换瓶。中途定期进行鱼况检查，随时清除死鱼、伤鱼。加强水温、水质的检查，避免水温波动，特别是加水或换水时一般要控制温差不超过 5℃。随时清污，适时换水，防止水质恶化。定时对容器及氧气袋进行检查，防止发生破损漏水事故。

虾类活体储运方法

活虾的运输方法主要有带水、无水和充氧运输等。

● 带水运输法　带水运输法适用于大多数活虾的长途运输，作业水温 14~18℃。在运输过程中，如发现匍匐于水底的虾反复蹿水或较多虾急躁游动，表明水中缺氧。

● 无水运输法　无水运输法适合于大规模的长途空运。收获后的龙虾应及时用细绳或橡皮筋将其双螯扎紧，避免相互残杀。龙虾可离水生存，因此可用箱、篓包装后在低温条件下无水运输。运输前应降低虾体的温度，最佳活运温度可根据品种、收获地区等进行具体调节。包装及运输应在 3~7℃条件下进行操作。

● 充氧运输法　中国对虾、斑节对虾、白腿虾和大型淡水对虾短距离运输常使用塑料袋充氧法，用密闭的充氧袋或开口的充氧箱包装带水运输。虾和水一起装入气密性良好的塑料袋中，充入一定体积的高压纯氧，将袋口扎紧后，放入泡沫保温箱中运输。

梭子蟹活体储运方法

● 原料验收　待运原料要逐只验收，要求螯足基本齐全，允许每侧缺失步足不超过 1 只，并剔除畸形和活力差的僵蟹。

● 暂养　铺沙 10~20 cm，水深 40~60 cm，水温 15~20℃，暂养一般不超过 7 天。捆扎方法：用橡皮筋逐只捆扎螯足，使其无法行动。

降温休眠 用10~15℃的水（20 min）和3~5℃的水分次降温，使蟹逐步进入休眠状态。当晃动蟹体，蟹的螯足收紧不动时，即完成。

包装 将待运蟹称重后，逐只装入经预冷的纸箱中，加入木屑填料，使之相互隔开，防止碰撞。

用作填料的木屑应事先杀菌并预冷到0~4℃，木屑要填满、不留空隙，但不能太细，以免因透气性差而导致蟹死亡，最后用胶带把箱缝封口。

什么是冷藏链

水产冻结食品生产出来后，若要尽量少地降低其优良品质，一直到消费者手中，就必须使其从生产到消费之间的各个环节都保持在适当的低温状态。这种从生产到消费之间的由连续的低温环节组成的流通体系，即冷藏链。

根据水产品保藏的温度不同，水产冷藏链可分为冰鲜冷链（0~2℃）、低温冷链（–15~–25℃）、活体运输冷链（–4~16℃）和超低温冷链（–45℃以下）。

冰鲜冷链不包含冷冻环节，一般用于短期周转和就近流通供应，在养殖鱼类、生鲜品储藏运输和加工配送中应用广泛。

低温冷链常由以下环节组成：渔船→陆上加工厂→冷藏库→冷藏运输工具（车、船等）→调剂冷藏库→冷藏或保温车→ 商场冷藏展示柜→家用冰箱。

在低温冷链中，一般水产品在冻结前多处于冷却保鲜状态。为了保持新鲜品质，应尽量缩短这段时间，尽快进行冻结处理，并在冻结后即转入冻藏，且在以后的环节中保持相应的温度。

水产品运输要求

运输工具卫生要求 水产品的运输工具应彻底进行清洗。运输容器、设备应专用，水产品不得与有毒有害物质混装运输。为防止运输过程污染，要用密闭车辆运输。冷冻产品应用冷藏车运输，运输过程中温度应在 -18℃以下，允许短暂时间不超过 3℃的向上浮动。鲜活水产品应能够提供生存必需的氧气、食物等。

运输过程控制 运输过程应避免污染，要用密闭车辆运输。运输工具应备有足够的冷藏用冰，保证水产品不脱冰。气温高时用冰量不得少于水产品质量的 60%，冰面要低于箱高 1 cm。淡水水产品装运时应用桶（筐），加冰封顶，水产品温度不得高于 5℃。散装运输应用冷藏车（船）。

话题 3　水产品的保鲜与加工

水产品的保鲜方法有哪些

目前应用于水产品的保鲜技术，主要有低温保鲜、化学保鲜、辐照保鲜、气调保鲜、酶法保鲜等。除此之外，还有加入盐、糖、酸及利用熏烟产生的化学物质，或通过脱水来保持水产品品质的措施，即在水产品中常见的盐腌、醋渍、烟熏、干制等保藏方法。

水产品的保鲜技术中，最常用的方法是低温储藏保鲜。盐腌、醋渍、烟熏、干制等保藏方法也是比较常用的方法。

水产品低温储藏保鲜方法

水产品具有易腐败的特性，应适当地对其进行储藏保鲜，保持或尽量保持其原有鲜度品质。主要的低温储藏保鲜方法如下：

1. 冷却保鲜

冷却保鲜可较好地保持水产品鲜活状态时的质构和风味，但储藏期短，大部分只有 1~2 周。常用的水产品的冷却保鲜方法主要包括冰冷却法、冷海水或冷盐水冷却法和空气冷却法。

- 冰冷却法　可使鱼品迅速冷却。
- 冷海水冷却法　采用 –1~0℃的冷海水浸渍或喷淋渔获物。
- 空气冷却法　一般在温度 –1~0℃的冷却间内进行。

2. 微冻保鲜

微冻保鲜是将温度降低到 –3~–2℃对水产品进行保藏。鱼类在 –2~–1℃保藏比在 0℃下保藏约可延长 7 天，微冻保鲜一般能达 20~27 天。

3. 冷冻保鲜

对于冻结的水产品来说，冻藏温度越低，品质保持也越好，储藏期也越长，可达数月至一年以上。在冻藏温度 –18℃、–25℃、–30℃情况下，少脂鱼类相应的实用储藏期分别为 8、18、24 个月，多脂鱼分别为 4、8、12 个月。随着时间的增加，水产品会产生蛋白质变性、脂肪氧化、解冻后汁液流失、肉质损伤、风味劣化等现象，逐渐失去生鲜品的良好口感和风味。

常见冷冻水产品的加工工艺

冷冻海水鱼整冻产品有冻鲳鱼、鲅鱼、大黄鱼、黄姑鱼、白姑鱼、石斑鱼、河鲀鱼、带鱼、鲐鱼等。常见的淡水鱼原料包括青鱼、草鱼、鲢鱼、鳙鱼等。其中多种冷冻海水鱼出口国外，是水产品出口创汇的主要品种。

冷冻鱼的加工工艺流程 原料→挑选→清洗→沥水→定量装盘（或单条冻）→速冻→脱盘→镀冰衣→包装→冷藏

冷冻淡水鱼片的加工工艺流程 原料→冲洗→前处理（去鳞、去内脏、去头、去尾）→洗净→剥皮→割片→整形→挑刺修补→灯检→冻前检验→漂洗→摆盘→速冻→包冰衣→包装→冷藏

冷冻有头对虾的加工工艺流程 原料→冲洗→挑选→分级→称量→摆盘→加水 1→冻结→加水 2→冻结→冷藏

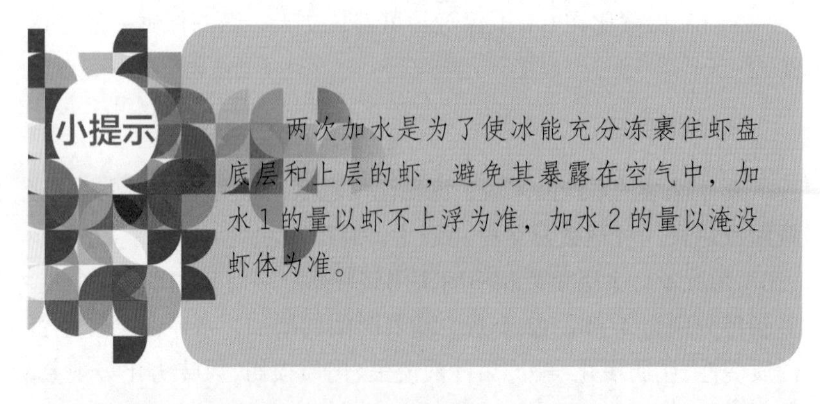

两次加水是为了使冰能充分冻裹住虾盘底层和上层的虾，避免其暴露在空气中，加水 1 的量以虾不上浮为准，加水 2 的量以淹没虾体为准。

冷冻生扇贝柱的加工工艺流程 鲜活扇贝→水洗→开壳剥肉→去内脏及外套膜→杀菌→沥水→洗肉→分级→杀菌→洗涤→摆盘→冻结→脱盘→镀冰衣→称重→包装→冷藏

冷冻调理水产品加工工艺流程 原料处理→调味、（品质改良）、成型、（加热）→冻结→包装

冷冻鱼糜的生产工艺流程 原料鱼→前处理→清洗（洗鱼机）→采肉（采肉机）→ 漂洗（漂洗装置）→脱水（离心机或压榨机）→精滤（精滤机）→搅拌（搅拌机）→称量（秤）→包装（包装机）→冻结（冻结装置）

干制水产品主要品种

水产品干制品有以下几种:

淡干品 将原料水洗后，不经盐渍或煮熟处理而直接干燥的制品，其原料通常是一些体型小、肉质薄而易于迅速干燥的水产品，如鱿鱼、墨鱼、章鱼、鱼卵、鱼肚、海带、虾片等。

盐干品 经过腌渍、漂洗再行干燥的制品。多用于不宜进行生干和煮干的大、中型鱼类和不能及时进行生干和煮干的小杂鱼等的加工，如盐干带鱼、黄鱼鲞、鳗鱼鲞、干海参等。

煮干品 由新鲜原料经煮熟后进行干燥的制品。制品具有较好的味道、色泽，食用方便，能较长时间地储藏，如鱼干、虾皮、虾米、海蛎干、鱼翅等。

调味干制品 原料经处理、调味料拌和或浸渍后干燥，或先将原料干燥至半干后浸调味料再干燥的制品。主要制品有烤鱼片、鱿鱼丝、五香鱼脯、调味烤酥鱼、鱼松、调味海带、调味紫菜等。

烟熏水产品主要品种及加工工艺

烟熏水产品加工主要有冷熏、温熏等加工工艺。熏制品的生产，一般要经过原料处理、盐渍、脱盐、风干、熏干等过程。通常选用鲑鱼、鳟鱼、鲱鱼、鳕鱼、秋刀鱼、沙丁鱼、鲐鱼、乌贼等原料，经前处理后，进入烟熏室熏干。

● **红鲑的烟熏加工工艺**　原料处理→盐渍→修整→脱盐→风干→熏干→罨蒸→包装→冷藏

● **烟熏淡水鱼制品加工工艺**　原料鱼→前处理→漂洗→盐渍→沥水→风干→熏制→冷却→包装

● **调味烟熏乌贼加工工艺**　原料处理→去皮→洗净→调味→熏制→切丝→二次调味→包装

海藻加工品主要品种

我国早在2000年前就有食用海藻的记载。日常食用的海藻主要是大型海藻，如海带、裙带菜、紫菜、江蓠等。

海带是我国资源最丰富的海藻。国内外有40多种海带加工品，包括淡干海带、调味海带丝、海带粉、海带挂面、海带面包、海带营养豆腐、海带速溶茶、海带肉卷等产品。

紫菜味道鲜美，我国紫菜主要经济种类有甘紫菜、条斑紫菜和坛紫菜。紫菜加工的食品主要有干紫菜、调味紫菜、烤紫菜、紫菜汁、紫菜酱等产品。

海藻不仅可以作为食品，也可以作为保健食品或药品使用。

话题 4 水产品质量安全与控制

影响水产品质量安全的环境因素

海洋和湖泊不仅是人类赖以生存的自然环境，也是人类优质食物的主要来源之一。人们在享用营养丰富的水产品时，也受到海洋生物中存在有毒成分的威胁。目前，世界上每年因食用有毒的鱼、贝类而引起的食物中毒事件超过 2 万起，死亡率为 1%。水产品质量安全的信誉受到严重挑战，严重影响了水产品的可持续发展。影响水产品质量安全的环境因素主要有以下两点：

- 水环境的污染不仅直接危害鱼类的生长，而且污染物可通过生物富集与食物链的传递危害人类健康。

- 由于生活环境不同，水产品的生物活性成分与陆生动植物存在着较大的差异，水产品更易腐败变质，部分鱼、贝类体内还含有毒素，这些特点为水产品的安全利用带来了严峻的挑战。

危害水产品质量安全的因素

通常将水产品中安全危害分为生物危害、化学性危害和生物腐败三类。

1. 生物危害

生物危害主要包括致病菌危害、病毒危害、生物毒素危害和寄生虫危害。

- 来源于水产品中的致病菌分为两组，一组是自身原有的细菌，广泛分布于世界各地的水环境中，并受气温的影响。例如：肉毒梭菌和副溶血性弧菌。另一组致病菌是水产品非自身原有细菌。例如沙门氏菌属，可生活在被人或动物粪便污染的环境中。

- 少数种类的病毒会引起与水产品有关的疾病，如甲型肝炎病毒、诺沃克病毒等。

- 生物毒素主要有麻痹性贝毒、腹泻型贝毒、神经性贝毒、记忆缺失性贝毒、雪茄毒素、河豚毒素等。

- 鱼体中寄生虫是很常见的，但大多与公众健康关系不大。大多数寄生虫都是因人们食用生的或未经烹调的水产品而被传染的。因此，当人们食用生的或未经烹调的水产品时，控制方法特别重要。

2. 化学性危害

化学性危害主要包括农药污染、渔药污染、环境污染、有机污染、添加剂残留、重金属残留、加工过程中形成的化学物质。

- 水产品中药物残留，主要有乙烯雌酚、氯霉素、硝基呋喃类、磺胺、土霉素、四环素以及孔雀石绿等。在水产品养殖过程中，这些药物滥用将使其在水产品体内残留。

- 人们向海洋倾倒数以万吨的工业废料和淤泥，排放农业上使用的化学物质以及未经处理的生活和工业污水，造成沿海环境和淡水环境的污染，导致一些化学物质以各种方式进入到鱼和其他水生生物体内，造成重金属离子的富集。

重金属主要有汞、镉、铅、砷、铬等。

3. 生物腐败

生物腐败主要是由鱼体内的活性酶类、脂肪氧化和体表的微生物作用导致的。水产品体内内源性酶类、脂氧合酶类等的作用使蛋白质分解，脂肪氧化酸败，导致水产品品质变差，也会带来水产品的安全问题。

水产品进入市场前的卫生要求

现在国家还没有统一的水产品市场准入制度，但是各个城市正在加强对当地水产品市场的管理和市场准入制度的建立，以保证水产品的安全。

鲜鱼允许上市销售，二级鲜度的鱼必须在指定期限内售出，变质鱼不允许在市场上销售，且要将变质鱼做无公害化处理。渔业生产时严格选出有毒鱼，含有自然毒素的水产品，如鲨鱼、鲅鱼、旗鱼等必须除去肝脏，湟鱼应除去肝、卵方可出售。

目前北京、上海、天津、深圳、大连等市正在实施水产品市场准入制度试点工作。

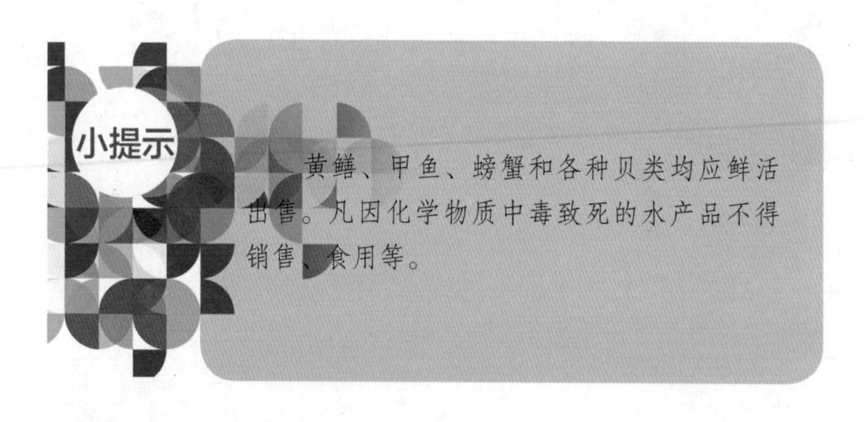

水产品进入市场流通前的检验检疫

- 我国农业部 2010 年 3 月 1 日实施的《动物检疫管理办法》

第二十八条规定：出售或者运输水生动物的亲本、稚体、幼体、受精卵、发眼卵及其他遗传育种材料等水产苗种的，货主应当提前 20 天向所在地县级动物卫生监督机构申报检疫；经检疫合格，并取得《动物检疫合格证明》后，方可离开产地。

《动物检疫管理办法》第二十九条规定：养殖、出售或者运输合法捕获的野生水产苗种的，货主应当在捕获野生水产苗种后 2 天内向所在地县级动物卫生监督机构申报检疫；经检疫合格，并取得《动物检疫合格证明》后，方可投放养殖场所、出售或者运输。

我国的鱼虾等水产品除出口外，在国内市场上销售的有很大一部分没有经过检疫，许多鱼虾类产品从鱼塘出来就被直接端上了餐桌。尽管我国目前已经建立起了比较完备的水产养殖病害监测系统，但水产品检疫是一个相对较为复杂的工程，目前具有水产防疫检疫上岗资格的技术人员远远不能满足实际需求。水生动物不进行检疫，极易引起水产疫病蔓延，损害消费者健康，今后鱼虾类产品上市销售必须检疫合格，否则不能销售。

我国水产品流通的主要渠道

水产品流通渠道，是水产品从生产（养殖或捕捞）领域到消费领域所经过的途径或通道。水产品流通形成了国有商业、集体和合作商业、个体商业等共同参与竞争的多渠道经营格局。

水产品流通渠道按长短和复杂程度大体又可分为三种类型：

- 生产者直接通过零售商将水产品送到消费者手中，中间环节较少。
- 在生产者和零售商之间又加入了一级或多级中间批发商，中间批发商既可以是水产品加工企业，也可以是纯粹的流通组织。
- 渔民的自产自销和产销直挂。自产自销虽然带有浓重的自然经济色彩，但在生产力水平多层次并存的今天仍有其生存的空间。产销直挂则随产销联合体的发展不断发展。

产销联合体是将生产、加工、销售结合在一起，实行水产品生产、加工和销售综合经营的经济组织，其特点是产、加、销一条龙。产供销联合体在实践中主要有三种形式：一是国有水产加工企业与规模化的养殖厂和批发零售经营组织结成的联合体；一是乡镇企业和私营企业（加工企业或销售企业）与本乡镇的水产养殖厂或渔业公司组成的联合体；一是水产生产或加工企业与批发市场以契约的形式组成的联合体。由于产销一体化经营将水产品生产、流通等各个环节有机地结合起来，打破了生产与流通的分割，打破了城乡界限，减少了中间环节，发展前景看好。

我国水产品流通的主要环节有哪些

水产品的流通一般都要经过收购、批发和零售几个基本的环节，储藏和运输是每一环节必要的辅助手段。由于水产品的鲜活易腐性，有时必须经过加工才能进入批发和零售环节。

批发是生产者和零售商之间、产地和销地之间的流通环节，是较大规模的商品流通不可或缺的一环。对于水产品经营，除了一部分产销直挂和自产自销的水产品，绝大部分需要在加工和零售之间、生产和零售之间进行批发交易。批发市场集水产品冷藏、运输、批发、零售于一体，产品直接面向批发商、零售商以及最终消费者，对水产品市场的繁荣起了积极的作用。

零售是把水产品销售给最终消费者的流通环节，是水产品流通中最活跃的一环。我国水产品的零售除国有副食品商店、个体水产商店和生产企业直销外，主要是遍及各地的城乡集贸市场。

我国水产品质量安全控制的有关法律法规

我国已初步建立了食品质量管理的法律法规体系。与水产品质量管理有关的法律规章、规范、通则等多达几十部。

有关法律　主要有《中华人民共和国食品安全法》《中华人民共和国产品质量法》《中华人民共和国标准化法》《中华人民共和国计量法》《中华人民共和国消费者权益保护法》《中华人民共和国农产品质量安全法》《中华人民共和国刑法》《中华

人民共和国进出口商品检验法》《中华人民共和国进出境动植物检疫法》《中华人民共和国国境卫生检疫法》《中华人民共和国动物防疫法》等。

有关法规 主要有《国务院关于加强食品等产品安全监督管理的特别规定》《中华人民共和国工业产品生产许可证管理条例》《中华人民共和国认证认可条例》以及涉及食品安全要求的大量技术标准等法规。

我国水产品质量安全控制有关标准

为了确保水产品的质量安全，政府和有关国际组织还推出了有关管理的标准：

国家和行业标准体系 《中国食品工业标准汇编—水产加工品卷》《动物性水产干制品卫生标准》等。

水产品安全卫生限量标准 主要包括《食品安全国家标准 食品中污染物限量》（GB 2762—2012）、《食品安全国家标准 动物性水产制品卫生标准》（GB 10136—2015）、《食品安全国家标准 鲜、冻动物性水产品卫生标准》（GB 2733—2015）等水产品卫生标准以及农兽药限量标准法规。

水产品加工体系标准 囊括了鲜活水产品、冷冻预制水产品、干制水产品、腌制水产品、熟制水产品、鱼糜及其制品、藻类及其制品、水产品调味品、其他等，制定了《干海参（刺参）》《冻虾仁》《干海带》《烤鱼片》《鱿鱼丝》《冷冻鱼糜》等标准。

ISO 9000 标准 通过 ISO 9000 质量认证是获得国际市场准入的基本条件。水产品生产企业以 ISO 9000 质量保证体系为通则，结合以 HACCP 规范为导则的模式，既能满足顾客需求，同时更进一步确保了消费者的安全。